建筑力学

（下册）

（第2版）

王长连　主　编

邓蓉　赵朝前　副主编

清华大学出版社

北　京

内 容 简 介

本书根据教育部对职业院校土建类专业力学课程的基本要求,结合目前精品课程建设精神和职业院校的教学实际编写。本书的编写遵循"内容必需、够用"的原则,对静力学、材料力学和结构力学中的知识内容进行了重构,将相似、相近的知识汇于一章,是一本结构新颖、内容丰富、实用性较强的教材。

本书分上下册共 19 章。每章有学习目标、复习思考题、练习题及参考答案等。下册为第 1～7 章,主要内容有:平面体系的几何组成分析、静定结构的位移计算及刚度校核、力法、位移法、力矩分配法、影响线及其应用、梁和刚架的塑性分析。

本书主要适用于力学课时为 60～80 学时的建筑工程技术、道路工程、市政工程、水利工程等专业的职业院校学生,对相关专业的工程技术人员也有一定的参考价值。

图书在版编目(CIP)数据

建筑力学. 下册/王长连主编. —2 版. —北京: 清华大学出版社,2024.12
ISBN 978-7-302-59869-5

Ⅰ. ①建… Ⅱ. ①王… Ⅲ. ①建筑科学－力学－高等学校－教材 Ⅳ. ①TU311

中国版本图书馆 CIP 数据核字(2022)第 001610 号

责任编辑: 秦 娜 赵从棉
封面设计: 陈国熙
责任校对: 欧 洋
责任印制: 丛怀宇

出版发行: 清华大学出版社
　　网　　　址: https://www.tup.com.cn,https://www.wqxuetang.com
　　地　　　址: 北京清华大学学研大厦 A 座 邮　　编: 100084
　　社 总 机: 010-83470000 邮　　购: 010-62786544
　　投稿与读者服务: 010-62776969,c-service@tup.tsinghua.edu.cn
　　质量反馈: 010-62772015,zhiliang@tup.tsinghua.edu.cn
印 装 者: 三河市科茂嘉荣印务有限公司
经　　销: 全国新华书店
开　　本: 185mm×260mm 印 张: 13.5 字　　数: 329 千字
版　　次: 2006 年 12 月第 1 版 2024 年 12 月第 2 版 印　　次: 2024 年 12 月第 1 次印刷
定　　价: 45.00 元

产品编号: 092670-01

第 2 版前言

本书再版是依据 2019 年 12 月教育部关于印发《职业院校教材管理办法》的通知,结合职业院校教材规划以及国家教学标准和职业标准(规范)等,参考教育部发布的《高等职业学校建筑工程技术专业教学标准》修订的。本书的修订坚持"面向需求,有机衔接"的原则,本书可作为高等职业技术教育土木工程、市政、道路与桥梁等土建类专业"建筑力学"课程教材,也可作为土建类工程技术人员的参考用书。

本书在修订编写中,编者结合建筑力学课程的特点以及在土建类专业中的地位与作用,课程内容在保持原有体系的基础上更加注重工程实际应用与实用计算能力的培养。修订过程中,贯彻由浅入深、理论联系实际、符合课程认知及发展规律等原则,力图保证力学基本理论的系统性,对个别章节内容进行了适当加强或删减,使全书内容翔实、紧凑,理论阐述清楚,概念明确,例题解答过程简洁、清晰。此外,本次修订的主要内容还有:

(1) 为了适应教学实际情况,结合课程教学内容,依据"内容科学先进、导向正确、针对性强"的原则,对教学内容作了适当删减,并对土建类专业必备的核心知识进行了精确描述和必要拓展。

(2) 名称、名词、术语等符合国家有关技术质量标准和规范。按照国家标准 GB 3100～3102—1993《量和单位》修改了原书的符号,其中最主要的集中荷载、支座反力和内力用 F 作为主符号,其特性用下标表示,例如剪力和轴力分别以 F_S 和 F_N 表示;按现行规范统一了相关力学名词术语。

(3) 对所有图例重新做了编排,并统一了图例中梁、刚架、桁架等结构中使用较多的固定铰支座、活动铰支座的力学计算简图,使得本书更简明、准确、规范。

(4) 结合教材内容,增设了动画资源,对重难点知识配置了微课讲解,使得本书具有动态性,更加方便学习者理解。

本书由四川建筑职业技术学院王长连任主编,邓蓉、赵朝前为副主编,张敏为参编。第1、7 章由王长连修订,第 2 章由赵朝前修订,第 3、4 章由张敏修订,第 5、6 章由邓蓉修订。本书由邓蓉统稿。

本书在修订过程中得到了清华大学出版社和四川建筑职业技术学院土木工程系力学教研室老师们的大力支持,在此表示衷心的感谢。

由于编者水平有限,不妥之处在所难免,衷心希望读者指正。

2024 年 4 月

目　录

第1篇　压杆稳定性、静定结构的位移计算

第2篇　超静定结构的内力分析

第1篇　压杆稳定性、静定结构的位移计算

第 **1** 章

平面体系的几何组成分析

本章学习目标

- 理解几何组成分析中的基本概念。
- 了解平面体系自由度的计算方法。
- 掌握平面几何不变体系的组成规则。
- 能对常见平面体系进行几何组成分析。

建筑结构是用来支承或传递荷载的,因此它的几何形状和位置必须是稳固的。具有稳固几何形状和位置的体系[①],称为**几何不变体系**;反之,则称为**几何可变体系**。本章将研究如何判断平面体系为几何不变体系或可变体系。

1.1 几何组成分析的概念

1.1.1 名词解释

对于几何组成分析,首先要明确:体系的几何形状改变是指体系在杆件不发生变形的情况下,其几何形状发生改变;结构变形则指结构在外荷载作用下杆件截面上产生内力,从而引起的变形。结构的变形通常是微小的。在体系的几何组成分析中,不涉及杆件结构的变形问题。

1. 几何不变体系与几何可变体系

杆件体系按几何组成方式划分,可分为几何可变体系和几何不变体系两大类。

图 1.1(a)所示的铰接四边形 *ABCD* 是一个四链杆机构,其几何形状和位置是不稳固的,随时可以改变状态,这样的体系称为**几何可变体系**。

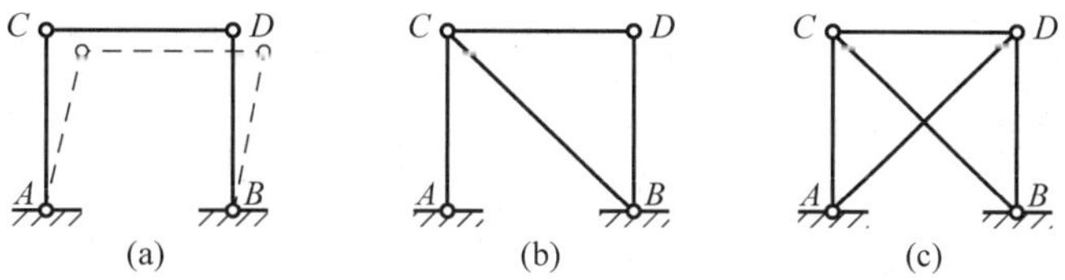

(a)　　　　　　　　　(b)　　　　　　　　　(c)

动画 1

图　1.1

图 1.1(b)所示体系与图 1.1(a)相比多了一根斜撑杆件 *CB*,成为由两个铰接三角形

---

① 此处的体系指的是由若干建筑构件组成的整体。

ABC 与 BCD 组成的体系。显然，它在任意荷载作用下，在不考虑杆件发生变形的条件下，其几何形状和位置能稳固地保持不变，这样的体系称为**几何不变体系**。如果在图1.1(b)所示体系上再增加斜杆 AD，便成为图1.1(c)，它是具有一个多余杆件的几何不变体系。显然，多余约束是相对于形成几何不变体系的最少约束数而言的。严格地说，图1.1(b)所示体系应称为无多余约束的几何不变体系，即图中4根链杆中的每一根都是构成几何不变体系所必不可少的，它们被称为**必要约束**。至于图1.1(c)所示体系中究竟哪一根链杆属于多余约束，有多种观察方式。实际上，图中5根链杆中的任一根都可以视作多余约束，而并非一定是斜杆 AD。因此，我们在开始研究体系几何分析问题时，还应该明确：在具有多余约束的几何不变体系中将多余约束拆除，原体系即变成无多余约束的几何不变体系。

2. 几何组成分析

由生活实践可知，建筑结构必须是几何形状与位置都稳固的几何不变体系，而不能采用几何可变体系。因此，在设计结构或选择计算简图时，首先要判定体系是几何不变体系还是几何可变体系，只有几何不变体系才能用于结构。在工程中，将判定体系为几何不变体系或是几何可变体系的过程称为体系的**几何组成分析**或几何构造分析。

3. 瞬变体系与常变体系

在图1.2(a)所示的体系中，杆件 AB、AC 共线，A 点既可绕 B 点沿1—1弧线运动，同时又可绕 C 点沿2—2弧线运动。由于这两个弧相切，A 点必然可沿着公共切线方向作微小运动。从这个角度上看，它是一个几何可变体系。当 A 点作微小运动至 A' 点时，圆弧线1—1与圆弧线2—2由相切变成相离，A 点既不能沿圆弧线1—1运动，也不能沿圆弧线2—2运动，这样，A 点就被完全固定。这种**原先是几何可变，在瞬时可发生微小几何变形，其后再不能继续发生几何变形的体系称为瞬变体系**。瞬变体系是几何可变体系的特殊情况，它属于几何可变体系的范畴。为明确起见，几何可变体系又可进一步分为**瞬变体系**和**常变体系**。常变体系是指可以发生较大几何变形的可变体系，如图1.1(a)所示。

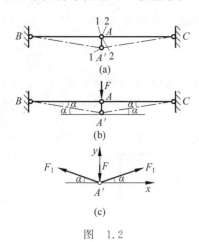

图　1.2

在此值得提出的是，瞬变体系虽然发生微小几何变形后变成几何不变体系，但仍不能作为结构。如图1.2(b)所示为瞬变体系发生微小几何变形后变为几何不变体系的情况。取 A' 点为研究对象，其受力图如图1.2(c)所示。由平衡条件可知，$F_1 = \dfrac{F}{2\sin\alpha}$，当 $\alpha \to 0$ 时，$\sin\alpha \to 0$，$F_1 \to \infty$，即瞬变体系在外载很小的情况下可以产生很大内力。因此，在结构设计中，即使接近瞬变体系的计算简图，也应设法避免。

4. 刚片与刚片系

在体系的几何组成分析中，由于不考虑杆件本身的变形，因此可以把一根杆件或已知几何不变部分看作一个刚体，在平面体系中又将刚体称为**刚片**。由刚片组成的体系称为**刚片系**。

也就是说，刚片可大可小，它可大至地球、一幢高楼，也可小至一根梁、一根链杆。由此可知，平面体系的几何组成分析实际上就变成考察体系中各刚片间的连接方式了。因此，能否准确、灵活地划分刚片，是能否顺利进行几何组成分析的关键。

5. 实铰与虚铰

由两根杆件端部相交所形成的铰称为**实铰**，如图 1.3(a)所示。由两根杆件中间相交或延长线相交形成的铰称为**虚铰**，如图 1.3(b)、(c)所示。之所以称这样的铰为虚铰，是由于在这个交点 O 处并不是真正的铰。图 1.3(b)和图 1.3(c)所示虚铰的位置在两根链杆的交点上。实铰与虚铰的约束作用是一样的。

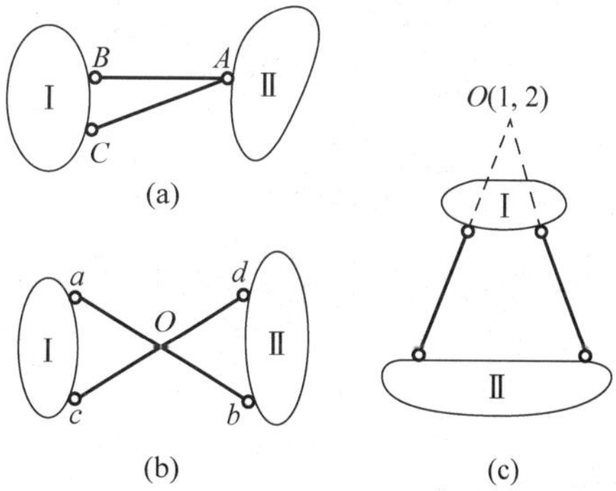

图　1.3

1.1.2　几何组成分析的目的

上册第 2 章研究了结构计算简图的画法，其简化原则主要有两点：

(1) 基本正确地反映结构的实际受力情况，使计算结果确保结构设计的精确度。

(2) 分清层次，略去次要因素，便于分析和计算。

为了确保结构实用、安全，结构计算简图还必须是几何不变的，故对体系进行几何组成分析的目的如下：

(1) 判断所用杆件体系是否为几何不变体系，以决定其是否可以作为结构使用；

(2) 研究结构体系的几何组成规律，以便合理布置构件，保证所设计的结构安全、实用、经济；

(3) 根据体系的几何组成，确定结构是静定结构还是超静定结构，以便选择合理的计算方法和计算程序。

1.2　平面体系的计算自由度

1.2.1　自由度与约束

1. 自由度

为了分析体系是否几何不变，可先计算其自由度。**所谓体系的自由度，是指该体系运动时，用以完全确定其位置所需的独立几何参数的数目**。例如，一个点 A 在平面内运动时，可以完全确定其位置的独立参数是该点的两个独立的坐标变量 x 和 y（图 1.4(a)），所以一个点在平面内有 2 个自由度。一个刚片在平面内运动则有 3 个自由度，这是因为刚片的位置可以由刚片上任意一点 A 的 x 和 y 坐标，以及刚片上任一直线 AB 的倾角 φ（图 1.4(b)）来确定。

2. 约束

体系的自由度将因加入限制运动的约束装置而减少。**凡能减少自由度的装置称为约束。体系常用的约束有链杆和铰**。在体系几何组成分析中，链杆本身可以视为一个刚片且只在两个端铰处与其他物体相连。图 1.5(a)所示为用一根链杆 AC 将一个刚片与地基相连，因 A 点不能沿链杆方向移动，故刚片在平面内只有两种运动方式，即 A 点绕 C 点转动和刚片绕 A 点转动。刚片的位置只需两个参数（图中的倾角 φ_1 和 φ_2）即可确定。当没有链杆 AC 时，刚片在平面内有 3 个自由度。

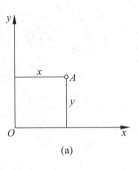
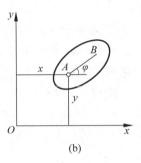

图　1.4

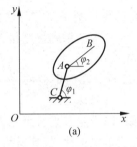
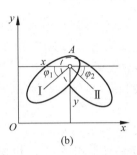

图　1.5

　　加上链杆 AC 后,自由度数由 3 减为 2,因此一根链杆装置相当于一个约束。图 1.5(b)所示为用一个铰 A 将刚片 Ⅰ 和刚片 Ⅱ 连接起来,如前所述,刚片 Ⅰ 的位置由点 A 的坐标 x 和 y 及倾角 φ_1 共 3 个参数确定;刚片 Ⅱ 相对于刚片 Ⅰ 而言,其位置需通过倾角 φ_2 确定。这样,两个刚片之间无铰连接时,在平面内自由度为 6,用一个铰相连后自由度即减为 4。因此,一个连接两个刚片的铰(称为单铰)相当于两个约束。

1.2.2　刚架与桁架的计算自由度

　　平面体系的计算自由度等于各杆件自由度总和减去约束总和。求解体系的计算自由度,首先设想一个体系中不存在任何约束,在此情况下计算各杆自由度总和;其次计算体系的全部约束个数,其中包括必要约束和多余约束;然后用前者减去后者,即得到体系的计算自由度数。为了便于理解,现以刚架、桁架为例,分别建立刚架、桁架计算自由度的计算公式,其中刚架的计算自由度的计算公式即为一般平面结构计算自由度的计算公式。

1. 刚架

　　通常认为,刚架是由若干刚片彼此用刚结点相连,并用支座链杆与基础相连而组成的结构。设其刚片数为 m,单铰数为 h,支座链杆数为 r,当各刚片都自由时,它们所具有的自由度总数为 $3m$;而现在加入的联系总数为 $(2h+r)$,因每个联系只能使体系减少一个自由度,则刚架的自由度为

$$W = 3m - (2h + r) \tag{1-1}$$

　　实际上每个联系不一定都能使体系减少一个自由度,这与联系的具体布置情况有关。在如图 1.6 所示的体系中,每个联系就没有使体系减少一个自由度,因此,W 不一定能反映

体系的真实自由度。虽然如此,在分析体系是否几何不变时,还是可以根据 W 先判断联系数目是否足够。为此,把 W 称为**体系的计算自由度**。

在计算体系的计算自由度时,经常遇到将复铰换算为单铰的情况。**所谓复铰是指连接两根及以上杆件的铰;所谓单铰是指连接两根杆件的铰**。设 n 为复铰连接的杆件数,则将复铰换算成单铰数的公式为

$$m = n - 1 \qquad (1\text{-}2)$$

式中,m 为单铰数。

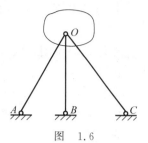

图 1.6

动画 2

例1.1 试计算图1.7所示体系的计算自由度。

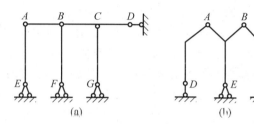

(a)   (b)

图 1.7

解 解题思路:数刚片数与支链杆数,计算单铰数,代入式(1-1)。

解题过程:图1.7(a)所示体系刚片数为5,结点 A 为单铰,结点 B 为复铰,换算成单铰数为 $3-1=2$,结点 C 为组合结点(即一杆端部与另一杆中间相交,相当于一个单铰),即共有单铰数为4,支承链杆数为7,由式(1-1)可得计算自由度为

$$W = 3m - (2h + r) = 3 \times 5 - (2 \times 4 + 7) = 0$$

图1.7(b)所示刚片数为4,单铰数为3,支承链杆数为4,由式(1-1)可得计算自由度数为

$$W = 3 \times 4 - (2 \times 3 + 4) = 2$$

2. 桁架

平面桁架中,每个杆件的两端均有一铰(不分单铰或复铰)与其相邻的杆件相连接。设桁架铰结点数为 j(包括支座结点),杆件数为 b,链杆数为 r。如各铰结点间无杆件连接,则 j 个铰结点应有 $2j$ 个自由度,结点之间每根链杆和每根支链杆各相当于一个约束,故约束总数为 $b+r$,因此平面桁架的计算自由度的公式为

$$W = 2j - (b + r) \qquad (1\text{-}3)$$

其实,平面桁架的计算自由度数既可按式(1-1)计算,也可按式(1-3)计算,一般按后者计算较方便。

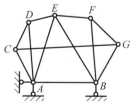

图 1.8

例1.2 试计算图1.8所示体系的计算自由度数。

解 解题思路:数结点、杆件及支链杆数,代入式(1-3)。

解题过程:此体系结点数 $j=7$,杆件数 $b=12$,支链杆数 $r=3$。按式(1-3)可计算得

$$W = 2j - b - r = 2 \times 7 - 12 - 3 = -1$$

若利用式(1-1)，$m=17,h=17,r=3$，可得计算自由度为

$$W=3\times12-17\times2-3=-1$$

显然式(1-1)计算复杂。

由上述两例计算可知，按式(1-1)、式(1-3)计算体系的计算自由度，所得结果可能有以下 3 种情况：

$W=0$，表明体系具有几何不变的必要条件；

$W>0$，表明体系缺少必要的约束，因此是几何可变体系；

$W<0$，表明体系具有多余约束，具有几何不变的必要条件。

由此可知，一个几何不变体系必须满足计算自由度 $W\leqslant0$ 的必要条件。但只满足必要条件不足以说明此体系一定是几何不变的，这是因为，尽管约束的数目足够，甚至还有多余约束，但由于布置不当，体系仍有可能是几何可变的。

在图 1.9 所示的两个体系中，杆件、约束数均相同，计算自由度 $W=6\times2-9-3=0$，显然图 1.9(a)是几何不变体系，而图 1.9(b)是几何可变体系。由此可知，欲判断体系的几何不变性，一方面要判断是否符合 $W\leqslant0$ 的条件；另一方面还需要判断杆件排列方式是否符合几何不变的组成规则。对于几何组成分析，目前常采取的做法是：对于杆件结构，当杆件较少时一般不计算自由度，直接进行几何组成分析。对于杆件较多的杆件结构，当不便进行几何组成分析时，先求计算自由度，当符合 $W\leqslant0$ 条件时，再进行几何组成分析；若不满足条件 $W\leqslant0$，就不必再进行几何组成分析了，可直接判定为几何常变体系。

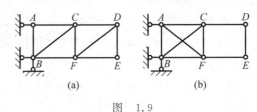

图　1.9

1.3　平面几何不变体系的组成规则

由实践经验可知，如果将 3 根木片用 3 个铆钉铆住(图 1.10(a))，其三角形是几何不变的，且无多余联系，其简化图如图 1.10(b)所示。这是一个最简单、最基本，且无多余联系的铰接三角形几何不变规则，其他几何不变体系规则都可用它推演出来。若将杆件 AB 视作刚片，则变成图 1.11(a)所示的体系。**用两根不共线的链杆构成一个铰结点的装置称为二元体。**显然在平面内增加一个二元体即增加了两个自由度，但增加两根不共线的链杆也增加了两个约束。

由此可见，在一个已知体系上依次增加或撤去二元体，不会改变原体系的自由度数。于是得到如下规则。

(1) 规则Ⅰ(二元体规则)：**在已知体系上增加或撤去二元体，不影响原体系的几何不变性。**换言之，已知体系是几何不变的，增加或撤去二元体，体系仍然是几何不变的；已知体系是几何可变的，增加或撤去二元体，体系仍然是几何可变的。

若将图 1.11(a)中的 AC 杆视为刚片，则变成如图 1.11(b)所示的体系。它是用两个刚

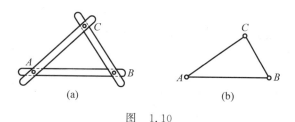

图　1.10

片将一个铰与一根不通过此铰的链杆相连接,显然它是几何不变的。由此得到下列规则。

(2) 规则 Ⅱ(两刚片规则):**两刚片用一个铰和一根不通过此铰的链杆相连接,所构成的体系是几何不变的,且无多余联系。**

因一个铰相当于两根链杆,图 1.11(b)又可变为图 1.11(c)所示体系,因此又得到两刚片规则的另一种形式:**两刚片用 3 根既不相互平行又不汇交于一点的链杆相连接,所构成的体系是几何不变的,且无多余联系。**

若再将图 1.11(b)中的 BC 杆视为刚片,则变成如图 1.11(d)所示的体系。它是由 3 个刚片用 3 个不在同一直线上的铰相连接,显然它也是几何不变的。由此又得到如下规则。

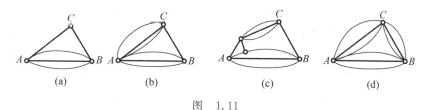

图　1.11

(3) 规则 Ⅲ(三刚片规则):**三刚片用 3 个不在同一直线上的铰两两相连接,所构成的体系是几何不变的,且无多余联系。**

以上 3 个几何不变体系的组成规则,既规定了刚片之间所必不可少的最小联系数目,又规定了它们之间应遵循的连接方式,因此它们是构成几何不变体系的必要与充分条件。

由推演过程知,这 3 个几何不变体系组成规则是互通的,对同一个体系可用不同的规则进行几何组成分析,其结果是相同的。因此,**用它们进行几何组成分析时,可灵活选用以上三个规则。**如对图 1.12(a)所示体系进行几何组成分析,该体系有 5 根支链杆与基础相连,故将基础作为刚片分析较容易。先考虑刚片 AB 与基础连接,显然它符合两刚片规则的另一种形式(图 1.12(b)),故它是几何不变的。现将它们合成

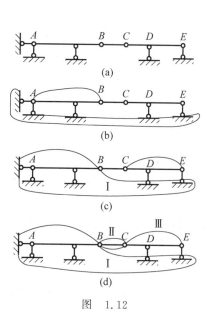

图　1.12

一个大刚片Ⅰ(图 1.12(c)),然后将刚片 BC 视为刚片Ⅱ,刚片 CDE 视为刚片Ⅲ(图 1.12(d)),三刚片用 3 个不在同一直线上的铰相连接,符合三刚片规则,故知该体系是几何不变的。

在讨论两刚片规则和三刚片规则时，都曾提出一些应避免的情况，如连接两刚片的 3 根链杆既不能同时相交一点也不能平行，连接三刚片的 3 个铰不能在同一直线上等。若出现了这些情形其结果又如何？

如图 1.13(a)所示，3 根链杆同时交于 O 点，这样 A、B 两刚片可以绕 O 点作微小的相对转动，当转动一个小角度后，这 3 根链杆不再同时相交一点，则不再产生相对转动，故它是**瞬变体系**。

若 3 根链杆相互平行，但不等长（图 1.13(b)），则仍为瞬变体系。因为当 3 根不等长链杆相互平行时，可认为这 3 根链杆同时相交一点，其交点在无穷远处。若 B 刚片相对 A 刚片发生转动，3 根平行链杆不再平行，也不相交一点，则此体系也为瞬变体系。

若 3 根链杆平行且等长（图 1.13(c)），则 A、B 两刚片产生相对运动后，此 3 根链杆仍相互平行，即在任何时刻、任何位置，这 3 根链杆都是平行的，所以在任何时刻都能产生相对运动，因此它为常变体系。

若两刚片用一铰与通过此铰的链杆相连接（图 1.13(d)），则 A 点可作上下微小运动，当产生微小运动后，链杆 CA 不再通过 B 点，符合两刚片规则，仍是几何不变的，故知此体系为瞬变体系。

现在再研究连接三刚片的 3 个铰在同一直线上的情形。如图 1.13(e)所示，三刚片 Ⅰ、Ⅱ、Ⅲ，用同一直线上的 A、B、C 三铰相连接，则铰 A 将在以 B 点为圆心、以 BA 为半径及以 C 点为圆心、以 CA 为半径的两圆弧的公切线上，而 A 点即为公切点，所以 A 点可在此公切线上作微小的上下运动。当产生一微小的运动后，A、B、C 3 点不在同一直线上，故不会再发生运动，所以它是一个瞬变体系。

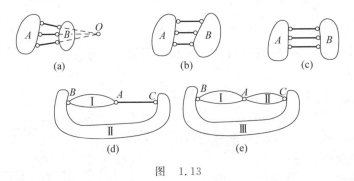

图 1.13

由上述推演过程又一次得知，几何瞬变体系与几何常变体系都不能作为结构计算简图，只有几何不变体系才能作为结构计算简图，所以在定义什么是几何不变体系的规则时，指出这些特例是十分必要的。

1.4　平面体系的几何组成分析示例

进行几何组成分析的依据是平面几何不变体系的 3 个基本规则。这 3 个规则看似简单，但利用它们却能灵活地解决常见体系的几何组成分析问题。要顺利地用这 3 个规则去分析形式多样的平面杆系，关键在于选择哪些部分作为刚片、哪些部分作为约束，这就是几何组成分析的难点所在。通常可以作以下选择。

　　一根杆件或某个几何不变部分(包括地基)都可作为刚片；体系中的铰都是约束；至于链杆作为约束还是作为刚片，要具体问题具体分析。当使用三刚片规则时，划分刚片要注意**两个相交原则。所谓两个相交原则，是指划分刚片时要注意，刚片与刚片之间的链接为两个联系**。这样做便于用几何不变体系的三刚片规则来判定体系的几何不变性。如少于两个联系，表示联系不够，那一定是几何常变体系；如果多于两联系，表明联系多余，此体系可能是具有多余联系的几何不变体系，或是几何可变体系。

　　在如图 1.14(a)所示的体系中，如果将△DBF、链杆 EC、地基 ACG 分别划分为刚片Ⅰ、Ⅱ、Ⅲ(图 1.14(b))，那么刚片Ⅰ、Ⅱ用链杆 DE、FC 连接交于 K 点，刚片上Ⅰ、Ⅲ用链杆 AD、BG 连接交于 B 点，刚片Ⅱ、Ⅲ用链杆 AE、CH 连接交于 J 点。它相当于三个刚片用三个不在同一直线上的 K、B、J 虚铰相连接，符合三刚片规则，所以此体系是几何不变的，且无多余联系。

　　若不是按两两相交规则划分的话，而是任意划分，就无法判断其几何不变性。如图 1.14(c)所示的三个刚片，它们之间的连接不满足两两相交原则，因而也无法判断它的几何不变性。所以在进行几何构成分析时，满足两两相交原则是十分必要的。

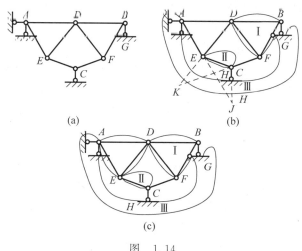

图　1.14

　　分析一些几何组成问题可知，体系的几何组成分析方法是灵活多样的，但也不是无规律可循。下面介绍几种常见的几何组成分析方法。

　　(1) 当体系上有二元体时，应先去掉二元体使体系简化，以便应用规则。但需注意，每次只能依次去掉体系外围的二元体，而不能从中间任意抽取。例如，图 1.15 中结点 F 处有一个二元体 DFE，拆除后，结点 E 处暴露出二元体 DEC，再拆除后，又可在结点 D 处暴露二元体 ADC，剩下的为铰接三角形 ABC。所以它是几何不变的，故原体系为几何不变体系。也可以继续在结点 C 处拆除二元体 ACB，剩下的只是大地了，这说明原体系相对于大地是不能动的，即为几何不变体系。

　　也可从一个刚片(例如地基或铰接三角形等)开始，依次增加二元体，扩大刚片范围，使之变成原体系，这样便可应用规则。仍以图 1.15

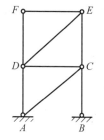

图　1.15

为例,将地基视为一个刚片,增加二元体 ACB 使地基刚片扩大,在此基础上依次增加二元体 ADC、DEC、DFE,变为原体系,根据二元体规则,可判定此体系是几何不变体系,且无多余联系。

(2) 当体系用 3 根支链杆按规则Ⅱ与基础相连接时,可以去掉这些支链杆,只对体系本身进行几何构成分析。

在如图 1.16(a)所示体系中,可先去掉 3 根支链杆,变成图 1.16(b)所示的体系,然后再对此体系进行几何构成分析。

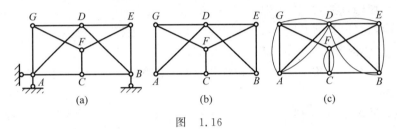

图　1.16

根据两两相交原则,将图 1.16(b)划分成图 1.16(c)所示的刚片体系,由规则Ⅲ可知此体系是几何不变的,且无多余联系。故原体系也是几何不变的,且无多余联系。

在此需要指出的是,当体系的支链杆多于 3 根时,不能去掉支链杆单独进行几何构成分析,必须对整个体系进行几何构成分析。

在如图 1.17(a)所示的体系中,有 4 根支链杆,不能去掉这 4 根支链杆,变成图 1.17(b)所示的体系进行几何构成分析。依次去掉二元体 EFC、BCG、ADE、AEB、ABH、JAI,剩下基础,因此可判定此体系是几何不变的,且无多余联系。故原体系是几何不变的,且无多余联系。

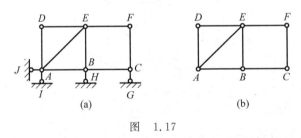

图　1.17

(3) 利用等效代换进行几何组成分析。

对图 1.18(a)所示体系进行几何构成分析,通过观察可知,T 形杆 BDE 可作为刚片Ⅰ。折杆 AD 也是一个刚片,但由于它只用两个铰 A、D 分别与地基和刚片Ⅰ相连,其约束作用与通过 A、D 铰的一根直链杆完全等效,如图 1.18(a)中虚线所示。因此,可用直链杆 AD 等效代换折杆 AD。同理,可用链杆 CE 等效代换折杆 CE。于是,图 1.18(a)所示体系可由图 1.18(b)所示体系等效代换。

由图 1.18(b)可见,刚片Ⅰ与地基用不交于同一点的 3 根链杆相连,根据两刚片规则可知原体系为几何不变体系,且无多余联系。

(4) 体系中有一个无限远虚铰的分析方法。

前面提到,由两根杆件延长线相交形成的铰称为虚铰。按照虚铰的位置分,虚铰又分为

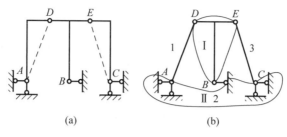

图　1.18

有限远虚铰和无限远虚铰。图 1.19 所示杆件 AB、CD 延长线所形成的虚铰 K 即为有限远虚铰，两平行杆 EF、GH 在无限远处形成的虚铰为无限远虚铰。实践证明，有限远虚铰和无限远虚铰在几何组成分析中的作用是相同的。那么，在体系中有一个无限远虚铰又怎样判定它的几何不变性或可变性呢？具体方法通过下例说明。

在图 1.20(a)所示体系中，刚片Ⅰ、Ⅱ、Ⅲ分别用 A、B、C 三铰两两相连，其中虚铰 A 为无限远虚铰。分析时，可将刚片Ⅲ以链杆 BC 代替，于是图 1.20(a)变成图 1.20(b)所示的体系。由规则Ⅱ知，此体系是几何不变的，且无多余联系。

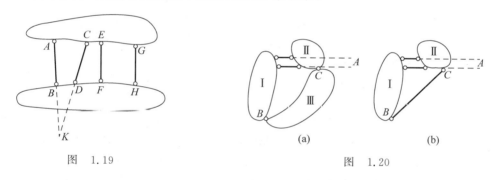

图　1.19　　　　　　　　　　　　图　1.20

由此可知，若三刚片用两个实铰与一无限远虚铰相连接，当形成虚铰的两平行链杆不与两实铰连线平行时，则组成几何不变体系，且无多余联系。

例如，图 1.21(a)所示体系根据两两相交原则可变成图 1.21(b)所示体系。刚片Ⅰ与Ⅱ之间通过链杆 AB、EF 连接，其虚铰在 A 点；刚片Ⅰ与Ⅲ之间通过链杆 GH、ED 连接，其虚铰在 D 点；刚片Ⅱ与Ⅲ之间通过相互平行的链杆 FH、CD 连接，其铰在无限远处。此三刚片通过 3 个不在同一直线上的虚铰相连接，符合三刚片规则，所以此体系为几何不变体系，且无多余联系。

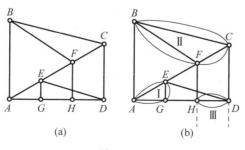

图　1.21

以上是对体系进行几何组成分析过程中常采用的一些可使问题简化的方法。但实际问题通常较复杂,分析的关键是灵活运用上述各种方法迅速找出各部分之间的连接方式,利用规则判断它们的几何特性。**当分析进行不下去时,原因多是所选择的刚片或约束不恰当,应重新选择刚片或约束再试,直到分析完成为止。**

例1.3　试对图1.22(a)所示体系进行几何组成分析。

解　解题思路:先去掉二元体,再应用两刚片规则。

解题过程:首先将二元体 ACD、FGB、DFB 去掉,变成图1.22(b)所示体系,再将 $AEBD$ 及其基础作为刚片,利用两刚片规则判定此体系是几何不变的,且无多余联系。

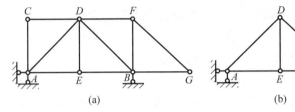

(a)　　　　　　　　　　(b)

图　1.22

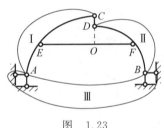

图　1.23

例1.4　试对图1.23所示体系进行几何组成分析。

解　解题思路:首先划分3个刚片,再分析连接约束,看是否符合三刚片规则,如果符合,则判定为几何不变体系。

解题过程:分别将图1.23中的 AC、BD 杆和地基 AB 视为刚片Ⅰ、Ⅱ、Ⅲ,刚片Ⅰ和Ⅲ通过铰 A 相连,刚片Ⅱ和Ⅲ通过铰 B 连接,刚片Ⅰ和Ⅱ通过 CD、EF 两链杆相连,相当于一个虚铰 O。则连接三刚片的3个铰 A、B、O 不在一直线上,符合三刚片规则,故体系为几何不变体系且无多余约束。

例1.5　试对图1.24所示体系进行几何组成分析。

解　解题思路:先用两刚片规则确定一个刚片,然后在此刚片上增加二元体。

解题过程:将 AB 视为刚片,与地基通过3根链杆相连接,符合两刚片规则,则为几何不变体系。在其上增加二元体 AEC、BFD,又成为一个扩大的

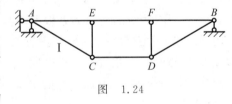

图　1.24

几何不变体系,显然 CD 链杆是多余约束。因此体系是几何不变的,且有一多余约束。

例1.6　试对图1.25所示体系进行几何组成分析。

解　解题思路:利用两两相交原则画出3个刚片,找出刚片间的约束。

解题过程:将 $ADEB$、CF 杆及基础分别看作刚片Ⅰ、Ⅱ、Ⅲ,三刚片分别通过 O_1、O_2、A 铰相连,三铰不共线,根据三刚片规则知该体系为几何不变体系,且无多余联系。

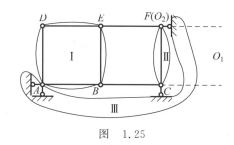

图　1.25

1.5　体系的几何组成与静定性的关系

由 1.1.2 节可知,对体系进行几何组成分析,除了可以判定体系是否几何不变和可变外,还可以判断与体系对应的结构的静定性。

体系可以分为几何可变体系和几何不变体系两类,其中几何可变体系又分为常变和瞬变两种,几何不变体系又包括无多余约束和有多余约束两种情况。

如果体系是常变的,则在任意荷载作用下一般不能维持平衡,即平衡条件不能满足,因而平衡方程无解。瞬变体系是指原为几何可变,但经微小位移后即转化为几何不变体系。如前所述,瞬变体系是一种特殊的可变体系,工程结构中不能采用这种体系。

由式(1-1)知,当体系为几何不变且无多余约束时,计算自由度 $W = 3m - (2h + r) = 0$,即 $3m = 2h + r$,表明平衡方程数目与未知力数目相等,此时用平衡方程求解只有一组确定的解答,故体系为静定结构;当体系为几何不变且有多余联系时,$W = 3m - (2h + r) < 0$,即 $3m < 2h + r$,表明平衡方程数目小于未知力数目,此时可有无穷多组解答,显然仅依靠静力平衡方程已不能求得唯一确定解答,故体系为超静定结构。

由此可知,静定结构的几何构造特征是,几何不变且无多余约束。符合上述组成规则的体系都是几何不变且无多余约束的,因而都属静定结构;而几何不变且有多余约束的体系则属超静定结构。

复习思考题

1. 何谓几何不变体系和几何可变体系?何谓几何组成分析?

2. 什么是瞬变体系和常变体系?什么体系可用于结构?

3. 何谓自由度?何谓计算自由度?

4. 何谓两两相交原则?几何组成分析的常见方法有哪些?

5. 体系的几何组成与静定性有什么关系?

6. 试对图 1.26 所示的体系进行几何组成分析。图中几何不变体系有_____,几何瞬变体系有_____,几何常变体系有_____。

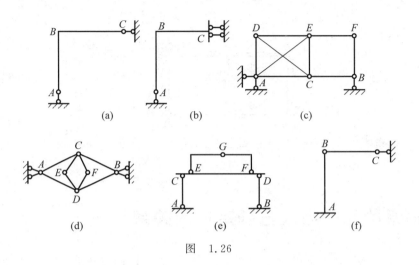

图　1.26

练习题

1. 试用二元体规则对图 1.27 所示平面体系进行几何组成分析。

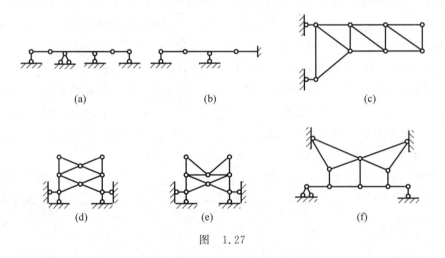

图　1.27

2. 试用两刚片规则或三刚片规则对图 1.28 所示平面体系进行几何组成分析。

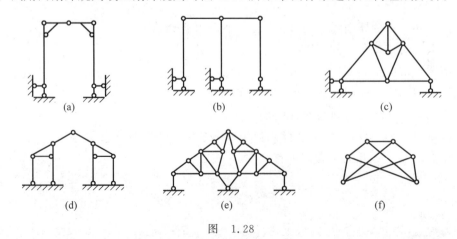

图　1.28

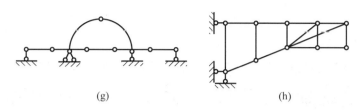

(g)　　　　　　　　　　　(h)

图 1.28　（续）

3. 试对图 1.29 所示平面体系进行几何组成分析。

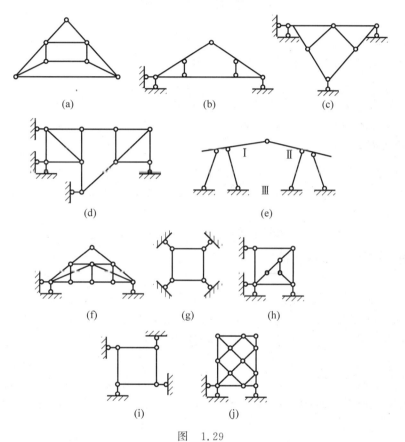

(a)　　　　　　　　　(b)　　　　　　　　　(c)

(d)　　　　　　　　　　　(e)

(f)　　　　　　(g)　　　　　　(h)

(i)　　　　　　(j)

图　1.29

练习题参考答案

1.（a）几何不变体系　　（b）几何不变体系　　（c）几何常变体系　　（d）几何不变体系
　（e）几何瞬变体系　　（f）几何不变体系。
2.（a）几何不变体系　　（b）几何常变体系　　（c）几何不变体系　　（d）几何不变体系
　（e）几何不变体系　　（f）几何不变体系　　（g）几何不变体系　　（h）几何常变体系。
3.（a）几何瞬变体系　　（b）几何不变体系　　（c）几何不变体系　　（d）几何瞬变体系
　（e）几何不变体系　　（f）几何不变体系　　（g）几何瞬变体系　　（h）几何瞬变体系
　（i）几何不变体系　　（j）几何不变体系。

第 2 章

静定结构的位移计算及刚度校核

本章学习目标

- 了解结构位移的基本概念及其计算的目的。
- 了解用积分法计算梁、刚架及桁架的位移。
- 掌握用图乘法计算梁、刚架由荷载引起的位移。
- 掌握由支座移动所引起位移的计算方法。
- 掌握梁的刚度校核。

静定结构的位移计算是本书中的重要内容,其研究思路为:先研究结构位移的概念,变形体的虚功原理;再研究采用单位荷载法、图乘法计算静定结构的位移;最后研究梁的刚度校核。

2.1 结构位移的概念

动画 3

梁在竖向荷载作用下会产生挠度,钢筋在温度升高时会伸长,建筑物在基础沉降时会倾斜等,这些都属于结构变形。由于所有组成结构的材料都是可以变形的,所以结构在受到荷载等作用时,都会产生变形和位移。**变形是指结构的形状发生改变,位移是指结构某点位置的改变。** 如图 2.1 所示简支梁在荷载作用下,其轴线由直线变为曲线,即为梁发生了变形;而梁上截面 K 的形心由原来位置移动到新的位置 K',称该截面发生了位移。KK' 之间的距离就是该点的**线位移**;同时,截面 K 还转动了一个角度 θ,称为截面 K 的**角位移**。

微课 3

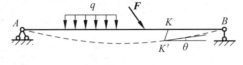

图 2.1

引起结构位移的主要原因有:荷载作用、温度变化、支座移动以及材料收缩和制造误差等。

进行结构位移计算的目的主要有以下几方面。

1. 结构刚度校核

结构刚度校核即验算在荷载等作用下,结构的位移是否能满足结构正常运行的要求。若吊车梁挠度过大,吊车将无法正常工作;若铁路桥梁的变形过大,会引起列车的冲击和振动；而在风中的高层建筑，如果水平位移过大，即使结构不会破坏，也会使工作和居住的人感到不安等。因此，在各种结构相应的规范中，都对结构规定了必须满足的刚度要求。例如，吊车梁的允许最大挠度规定为跨度的 1/600，高层框架剪力墙结构的顶点水平位移不宜超过高度的 1/800 等。

2. 为结构施工提供位移数据

在跨度较大的结构中，为了避免建成后产生显著下垂可预置拱度，即先将结构做成与挠度相反的拱形，称为**起拱**，起拱高度需根据结构位移来确定。

3. 为超静定结构计算打下基础

实际结构除静定结构外，超静定结构更为常见。进行超静定结构受力分析时，需要同时考虑结构的平衡条件和变形协调条件，因此在进行超静定结构计算之前，必须先进行静定结构位移计算。

另外，在结构动力计算和结构稳定分析中也用到结构位移计算，结构位移计算是以虚功原理为基础的。本章将在介绍虚功原理的基础上推导结构位移计算的一般公式，进而讨论梁、刚架和桁架等结构的位移计算。

2.2　变形体的虚功原理

2.2.1　功、广义力与广义位移

如图 2.2 所示，设物体上 A 点受到恒力 F 的作用移到 A' 点，发生了 Δ 的线位移，则力 F 在发生位移 Δ 的过程中所做的功为

$$W = F\Delta\cos\theta \qquad (2\text{-}1)$$

式中，θ——力 F 与线位移 Δ 之间的夹角。

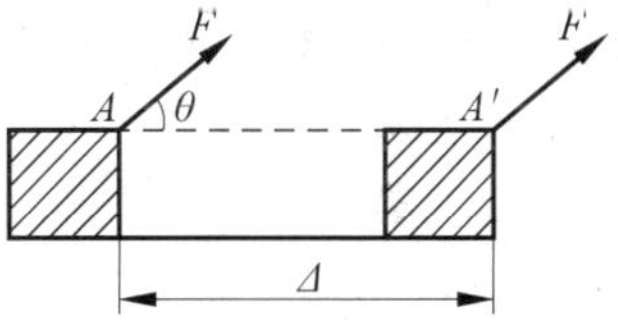

功是代数量，在国际单位制中，功的单位为 J（焦耳），等于 1N 的力在同方向 1m 的路程上做的功。

图　2.2

如图 2.3(a)所示为一绕 O 点转动的轮子，在轮子边缘作用着力 F。设力 F 的大小不变而方向改变，但始终沿着轮子的切线方向。当轮缘上的一点 A 在力 F 的作用下转到点 A'，即轮子转动了角度 φ 时，力 F 所做的功为

$$W = FR\varphi$$

式中，FR 为 F 对 O 点的力矩，以 M 表示，则有

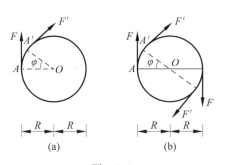

(a)　　　　　　　(b)

图　2.3

$$W = M\varphi$$

上式为力矩所做的功,它等于力矩的大小和其所转过的角度的乘积。

在图 2.3(b)中,若在轮子上作用有 F 及 F' 两个力,当轮子转动了角度 φ 后,F 及 F' 所做的功为

$$W = FR\varphi + F'R\varphi$$

若 $F = F'$,则有

$$W = 2FR\varphi$$

$2FR$ 即为 F 及 F' 所构成的力偶矩,用 M' 表示,则有

$$W = M'\varphi \tag{2-2}$$

为了计算方便,现将式(2-1)和式(2-2)统一写成

$$W = F\Delta \tag{2-3}$$

式中,若 F 为集中力,则 Δ 就为线位移;若 F 为力偶,则 Δ 就为角位移。F 称为**广义力**,它可以是一个集中力或集中力偶,还可以是一对力或一对力偶;Δ 称为**广义位移**,它可以是线位移,也可以是角位移。

需注意的是,功可以为正,也可以为负,还可以为零。当 F 与 Δ 方向相同时,为正;反之则为负。当 F 与 Δ 方向相互垂直时,功为零。

2.2.2　实功与虚功

1. 实功

如图 2.4(a)所示简支梁,当荷载 F 作用在其上时,位移的大小将随力的增加而线性增加。在弹性范围内,任一位移 Δ 和作用力 F 之间呈线性关系,如图 2.4(b)所示,即

$$F = k\Delta$$

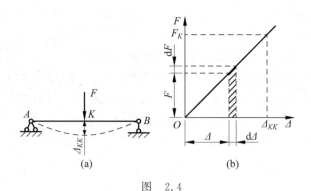

图　2.4

上式中,k 为比例常数,是使结构 K 处发生单位位移所需要的力。根据微积分的知识,在某一微小位移 $\mathrm{d}\Delta$ 上,作用力 F 可以看成常数,它所做元功为

$$\mathrm{d}W = F\mathrm{d}\Delta$$

作用力从零增加到 F_K 过程中所做功为

$$W_{外} = \int_0^{\Delta_{KK}} F\mathrm{d}\Delta = \int_0^{\Delta_{KK}} k\Delta\mathrm{d}\Delta = \frac{1}{2}k\Delta_{KK}^2 = \frac{1}{2}F_K\Delta_{KK} \tag{2-4}$$

上式表明,线弹性体系的外力功等于外力与其相应位移乘积的一半。力在由其自身引起的位移上所做功,在力学上称为**外力实功**。当体系上有若干个外力共同作用时,总的外力实功按下式计算:

$$\sum W_{\text{外}} = \frac{1}{2} F_K \Delta_{KK} = \frac{1}{2} \sum F_K \Delta_{KK} \tag{2-5}$$

2. 虚功

如图 2.5(a)所示简支梁,在静力荷载 F_1 的作用下,结构发生了图 2.5(a)所示虚线变形,达到平衡状态。当 F_1 由零缓慢地加到其最终值时,其作用点沿 F_1 方向产生了位移 Δ_{11},此时 F_1 所做的实功 $W_{11} = \frac{1}{2} F_1 \Delta_{11}$;若在此基础上,又在梁上施加另外一个静力荷载 F_2,梁就会达到新的平衡状态,如图 2.5(b)所示。F_1 的作用点沿 F_1 方向又产生了位移 Δ_{12},此时 F_1 不再是静力荷载,而是一个恒力,F_2 的作用点沿 F_2 方向产生了位移 Δ_{22},由于 F_1 不是产生位移 Δ_{12} 的原因,所以 $W_{12} = F_1 \Delta_{12}$ 就是 F_1 所做的虚功,称为**外力虚功**;"虚"只是强调做功的力与做功的位移无关,以示与实功的区别。而 F_2 是产生 Δ_{22} 的原因,所以 $W_{22} = \frac{1}{2} F_2 \Delta_{22}$,为外力实功。此处,功和位移的表达符号都出现了两个脚标,第一个脚标表示位移发生的位置,第二个脚标表示引起位移的原因。

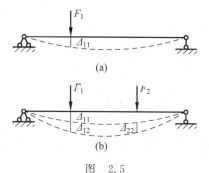

图　2.5

2.2.3　变形体的虚功原理

微课 4

前面所讲的简支梁在力 F_1 作用下引起内力,内力在由其本身所引起的变形上所做的功称为**内力实功**,用 W_{11}' 表示。F_1 所做的功 W_{11} 称为外力实功。由力 F_1 作用下引起的内力在其他原因(如 F_2)引起的变形上所做的功称为**内力虚功**,用 W_{12}' 表示。F_1 所做的功 W_{12} 称为外力虚功。在该系统中外力 F_1 和 F_2 所做的总功为

$$W_{\text{外}} = W_{11} + W_{12} + W_{22}$$

而 F_1 和 F_2 引起的内力所做的总功为

$$W_{\text{内}} = W_{11}' + W_{12}' + W_{22}'$$

根据能量守恒定律,$W_{\text{外}} = W_{\text{内}}$,即

$$W_{11} + W_{12} + W_{22} = W_{11}' + W_{12}' + W_{22}'$$

根据实功原理,

$$W_{11} = W_{11}', \quad W_{22} = W_{22}'$$

故有

$$W_{12} = W_{12}' \tag{2-6}$$

在上述情况下,F_1 视为第一组力先加在结构上,F_2 视为第二组后加在结构上,两组力 F_1 与 F_2 是彼此独立无关的。式(2-6)称为**虚功原理**,它表明:**结构的第一组外力在第二组外力所引起的相应位移上所做的外力虚功,等于第一组内力在第二组内力所引起的变形**

上所做的内力虚功。简言之,**外力虚功＝内力虚功**。

虚功原理有两种表达形式,分别如下:

(1) **虚位移原理**。虚设约束允许的可能位移,求结构中实际产生的力(支座反力、内力)。虚位移原理等价于静力平衡方程。

(2) **虚力原理**。虚设外力,求结构实际发生的位移,也就是本节所讲虚功原理的目的。虚力原理等价于变形协调方程。

为了便于应用,现将图 2.5(b)中的平衡状态分为图 2.6(a)和图 2.6(b)两个状态。图 2.6(a)的平衡状态称为第一状态,图 2.6(b)的平衡状态称为第二状态。此时虚功原理又可以描述为:**第一状态上的外力和内力,在第二状态相应的位移和变形上所做的外力虚功和内力虚功相等**。这样第一状态也可以称为力状态,第二状态也可以称为位移状态。

虚功原理既适用于静定结构,也适用于超静定结构。

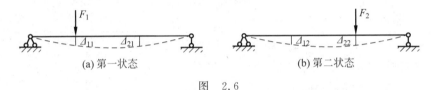

(a) 第一状态　　　　　　　　　　　　　(b) 第二状态

图　2.6

2.3　结构位移计算的一般公式——单位荷载法

上节推导出变形体的虚功原理,即外力虚功等于内力虚功。推演虚功原理的目的在于利用它计算结构的位移。那么,具体怎样利用上述原理来计算结构的位移呢? 其基本思路是,利用变形体的虚功原理,推导出结构位移的一般公式。

设图 2.7(a)所示为平面杆系结构,由于荷载、支座移动等因素引起了如图所示变形,试求某一指定点 K 沿某一指定方向 $K-K'$ 上的位移 $\Delta_{KK'}$。

应用虚功原理需要两个状态:力状态和位移状态。所要求的位移是由给定的荷载及支座移动等因素引起的,故应以此实际状态作为结构的位移状态,然后根据计算位移的需要建立一个虚拟的力状态。由于力状态与位移状态是彼此独立无关的,因此力状态可以根据计算的需要来假设。为了使力状态中的外力能在位移状态中的所求位移 $\Delta_{KK'}$ 上做虚功,可在 K 点沿 $K-K'$ 方向加一个集中荷载 F_K。为了计算方便,令 $F_K=1$,如图 2.7(b)所示,以此作为结构的虚拟力状态。

虚拟力状态的外力在实际位移状态相应位移上所做的虚功,包括荷载和支座反力所做的虚功。设在虚拟力状态中,由单位荷载 $F_K=1$ 引起的支座反力为 $\bar{F}_{R1}$、$\bar{F}_{R2}$、$\bar{F}_{R3}$,而在实际位移状态中相应的支座位移为 du、$d\varphi$、γds,则微段所做的内力虚功为

$$W_{内} = \sum \int \bar{F}_N du + \sum \int \bar{M} d\varphi + \sum \int \bar{F}_S \gamma ds$$

式中,$\bar{F}_N$,$\bar{M}$,$\bar{F}_S$——单位力 $F_K=1$ 作用引起的某微段上的内力;

　　　　du,$d\varphi$,ds——实际状态中相应的微段变形。

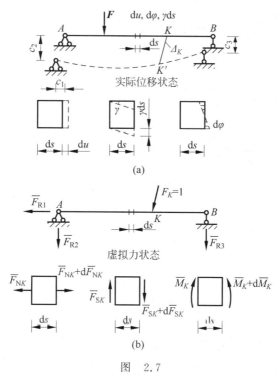

图　2.7

图中，$\overline{F}_{R1}$，$\overline{F}_{R2}$，…为虚拟单位力引起的广义支座反力；c_1，c_2，…为实际支座位移。

由虚功原理 $W_外 = W_内$ 及 $W_外 = 1 \cdot \Delta_K + \sum \overline{F}_R \cdot C$，有

$$\Delta_K = \sum \int \overline{F}_N \mathrm{d}u + \sum \int \overline{M} \mathrm{d}\varphi + \sum \int \overline{F}_S \gamma \mathrm{d}s - \sum \overline{F}_R c \tag{2-7}$$

上式即为**平面杆件结构位移计算的一般公式**。这种计算位移的方法称为**单位荷载法**。设置单位荷载时，应注意下面两个问题。

（1）虚拟单位力 $F=1$ 必须与所求位移相对应。欲求结构上某一点沿某个方向的线位移，则应在该点沿所求位移方向施加一个单位力，如图 2.8(a) 所示；欲求结构上某一截面的角位移，则在该截面处施加一单位力偶，如图 2.8(b) 所示；欲求桁架某杆的角位移，则在该杆两端施加一对与杆轴垂直的反向平行力，使其构成一个单位力偶，力偶中每个力等于 $\dfrac{1}{l}$，如图 2.8(c) 所示；欲求结构上某两点 C、D 的相对线位移，则在此两点连线上施加一对方向相反的单位力，如图 2.8(d) 所示；欲求结构上某两个截面 E、F 的相对角位移，则在此两截面处施加一对转向相反的单位力偶，如图 2.8(e) 所示；欲求桁架某两杆的相对角位移，则在该两杆上施加两个转向相反的单位力偶，如图 2.8(f) 所示。

（2）因为所求的位移方向是未知的，所以虚设单位力的方向可以任意假定。若计算结果为正，表示实际位移的方向与虚设单位力的方向一致；反之，则其方向与虚设单位力的方向相反。

微课5

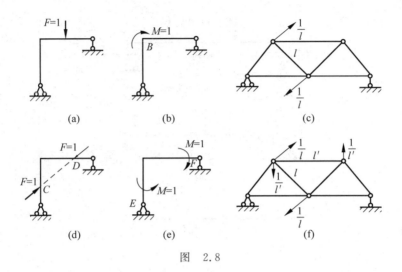

图　2.8

2.4　荷载作用下的位移计算

利用虚功原理计算结构在荷载作用下的位移时,两种状态分别为荷载引起的实际位移状态和虚拟单位力作用下的平衡力状态。在线弹性体系小变形情况下,实际位移状态下各微段上内力 M、F_N、F_S 引起的微段上的变形,可分别表示为

$$\mathrm{d}\varphi = \frac{M\mathrm{d}s}{EI}$$

$$\mathrm{d}u = \frac{F_N\mathrm{d}s}{EA}$$

$$\gamma\mathrm{d}s = \frac{kF_S\mathrm{d}s}{GA}$$

代入式(2-7),得

$$\Delta_{KF} = \sum\int\frac{\overline{M}M}{EI}\mathrm{d}s + \sum\int\frac{\overline{F}_N F_N}{EA}\mathrm{d}s + \sum\int\frac{k\overline{F}_S F_S}{GA}\mathrm{d}s \tag{2-8}$$

式中,$\overline{M}$、$\overline{F}_N$、$\overline{F}_S$——虚设单位力引起的内力。

M、F_N、F_S——实际荷载引起的内力。

EI、EA、GA——杆件的抗弯刚度、抗拉(压)刚度、抗剪刚度。

k——切应力不均匀系数。其值与截面形状有关,对于矩形截面 $k=1.2$;圆形截面 $k=\frac{10}{9}$;工字形截面 $k\approx\frac{A}{A'}$,其中 A 为截面的总面积,A' 为腹板截面面积。

这就是**结构在荷载作用下的位移计算公式**。式(2-8)等号右边 3 项分别代表虚拟状态下的内力在实际状态相应的变形上所做的虚功。

在实际计算中,根据结构的具体情况,式(2-8)可作不同的简化。

2.4.1　梁和刚架

梁和刚架的位移主要是由弯矩引起的,其位移简化公式为

$$\Delta_{KF} = \sum \int \frac{\overline{M}M}{EI} \mathrm{d}s \tag{2-9}$$

需注意的是,此公式也适合一般拱的位移计算,但对于扁平拱,除弯矩外,有时也要考虑轴向变形对位移的影响。

2.4.2　桁架

因为桁架只受轴力作用,若同一杆件的轴力 $\overline{F}_N$、F_N 及 EA 沿杆长 l 均为常数,则式(2-8)可简化为

$$\Delta_{KF} = \sum \frac{\overline{F}_N F_N}{EA} \cdot l \tag{2-10}$$

2.4.3　组合结构

组合结构由梁式杆与桁架杆组成,梁式杆只考虑弯矩 M 的影响,桁架杆只考虑轴力 F_N 的影响,故式(2-8)可简化为

$$\Delta_{KF} = \sum \int \frac{\overline{M}M}{EI} \mathrm{d}s + \sum \frac{\overline{F}_N F_N}{EA} \cdot l \tag{2-11}$$

例 2.1　求图 2.9(a)所示简支梁 C 截面的挠度 Δ_{CV}。

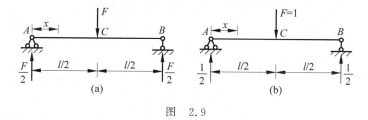

图　2.9

解　解题思路:根据所求位移,在 C 点加相应单位竖向荷载,根据所选坐标,分别列出 $\overline{M}$、M 方程,代入式(2-9)积分。

解题过程:

(1) 加单位荷载。

因求 C 截面的挠度,故在 C 截面加竖向单位荷载 $F=1$,如图 2-9(b)所示。

(2) 分段列出 $\overline{M}$、M 方程。

选取 A 为坐标原点,x 坐标向右,当 $0 \leqslant x \leqslant \dfrac{l}{2}$ 时,有

$$\overline{M} = \frac{1}{2}x, \quad M = \frac{1}{2}Fx$$

(3) 计算位移。

将 $\overline{M}$ 和 M 代入式(2-9),根据对称性,故有

$$\Delta_{CV} = 2 \int_0^{\frac{l}{2}} \frac{1}{EI} \cdot \frac{1}{2}x \cdot \frac{1}{2}Fx \, \mathrm{d}x = \frac{F}{2EI} \int_0^{\frac{l}{2}} x^2 \, \mathrm{d}x$$

$$= \frac{Fl^3}{48EI} (\downarrow)$$

计算结果为正,说明位移与虚设单位力方向一致,括号内箭头方向为实际位移方向。

例 2.2   试求图 2.10(a)所示等截面简支梁中点 C 的竖向位移 Δ_{CV} 及 B 截面的转角 θ_B。$EI=$ 常数。

解   解题思路:根据所求位移,首先设虚拟力状态,然后分别求出实际状态与虚拟状态内力表达式,代入式(2-9)进行积分。

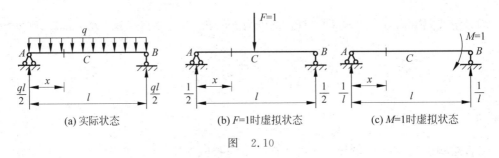

图   2.10

解题过程:

(1) 求梁中点 C 的竖向位移。

在 C 点加一竖向单位荷载 $F=1$ 作为虚拟状态,如图 2.10(b)所示,分段列出单位荷载作用下梁的弯矩方程。设 A 点为坐标原点,则当 $0 \leqslant x \leqslant \dfrac{l}{2}$ 时,有

$$\overline{M} = \frac{1}{2}x$$

实际状态下,如图 2.10(a)所示,杆的弯矩方程为

$$M = \frac{q}{2}(lx - x^2)$$

因为结构对称,所以由式(2-9)得

$$\Delta_{CV} = 2\int_0^{\frac{l}{2}} \frac{1}{EI} \cdot \frac{x}{2} \cdot \frac{q}{2}(lx - x^2)\mathrm{d}x = \frac{q}{2EI}\int_0^{\frac{l}{2}}(lx^2 - x^3)\mathrm{d}x = \frac{5ql^4}{384EI}(\downarrow)$$

计算结果为正,说明 C 点竖向位移的方向与虚拟单位荷载的方向相同。

(2) 求梁 B 截面的转角 θ_B。

在 B 点加一单位集中力偶 $M=1$ 作为虚拟状态(2.10(c)),列出单位弯矩作用下梁的弯矩方程。设 A 为坐标原点,有

$$\overline{M} = \frac{x}{l}$$

将 M、$\overline{M}$ 方程代入式(2-9),得

$$\theta_B = \frac{1}{EI}\int_0^l \frac{x}{l} \cdot \frac{q}{2}(lx - x^2)\mathrm{d}x = \frac{ql^3}{24EI}(\downarrow)$$

计算结果为正,说明 B 截面的转角与虚拟单位力偶转向相同。

例 2.3   求图 2.11(a)所示刚架 C 端的竖向位移 Δ_{CV}。

解   解题思路:根据所求位移,首先设虚拟力状态,然后分别求出实际状态与虚拟状态

的内力表达式,代入式(2-9)进行积分。

解题过程:

(1) 加单位荷载。

于 C 点加竖向单位荷载 $F=1$,如图 2.11(b)所示。

(2) 分别列出关于 $\overline{M}$、M 的方程。

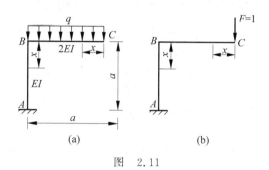

图　2.11

CB 杆:以 C 点为坐标原点,x 坐标向左为正向,有

$$\overline{M}=-x$$

$$M=-\frac{1}{2}qx^2$$

BA 杆:以 B 点为坐标原点,x 坐标向下为正向,有

$$\overline{M}=-a$$

$$M=-\frac{1}{2}qa^2$$

(3) 计算位移。

因结构由 CB 杆及 BA 杆组成,故应对各杆分别进行积分再求和,即有

$$\Delta_{CV}=\frac{1}{2EI}\int_0^a(-x)\left(-\frac{1}{2}qx^2\right)\mathrm{d}x+\frac{1}{EI}\int_0^a(-a)\left(-\frac{1}{2}qa^2\right)\mathrm{d}x$$

$$=\frac{1}{2EI}\left(\frac{1}{8}qa^4\right)+\frac{1}{EI}\left(\frac{1}{2}qa^4\right)=\frac{9qa^4}{16EI}(\downarrow)$$

例 2.4　如图 2.12(a)所示桁架各杆 $EA=$ 常数,求结点 C 的竖向位移 Δ_{CV}。

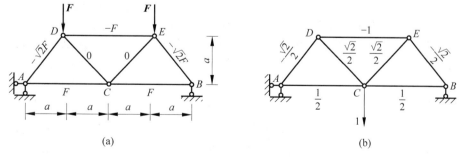

(a)　　　　　　　　(b)

图　2.12

解　解题思路:根据所求位移虚设单位荷载,然后分别计算两种状态下各杆的轴力,并代入式(2-10)求解。

解题过程:

(1)为求 C 点的竖向位移,在 C 点加一竖向单位力,并求出 $F=1$ 引起的各杆轴力 $\overline{F}_N$,如图 2.12(b)所示。

(2)求出实际状态下各杆的轴力 F_N,如图 2.12(a)所示。

(3)将各杆 $\overline{F}_N$、F_N 及其长度列入表 2.1 中,再运用公式进行运算。

由于该桁架对称,所以由式(2-10)得

$$\Delta_{CV} = \sum \frac{\overline{F}_N F_N}{EA} \cdot l = \frac{Fa}{EA}(2\sqrt{2} + 2 + 2 + 0)$$

$$= \frac{2Fa}{EA}(\sqrt{2} + 2) = 6.83\frac{Fa}{EA}(\downarrow)$$

计算结果为正,说明 C 点的竖向位移与虚设的单位力方向相同。

表 2.1　桁架位移计算

杆　　件	$\overline{F}_N$	F_N	l	$\overline{F}_N F_N \cdot l$
AD	$-\dfrac{\sqrt{2}}{2}$	$-\sqrt{2}F$	$\sqrt{2}a$	$\sqrt{2}aF$
AC	$\dfrac{1}{2}$	F	$2a$	Fa
DE	-1	$-F$	$2a$	$2Fa$
DC	$\dfrac{\sqrt{2}}{2}$	0	$\sqrt{2}a$	0

若桁架中有较多杆件内力为零,计算较为简单时不用列表,可直接代入公式进行计算。

2.5　图乘法

在荷载作用下,计算梁和刚架的位移时,需进行如下积分运算:

$$\Delta_{KF} = \sum \int \frac{\overline{M}M}{EI}\mathrm{d}s$$

式中,$\overline{M}$ 为单位荷载弯矩表达式,M 为实际荷载弯矩表达式。

当荷载较复杂时,要写出上述弯矩表达式是比较麻烦的,积分也很困难。但是,若结构的各杆段符合下列条件:

(1)杆轴为直线;

(2)EI 为常数;

(3)$\overline{M}$ 和 M 两个弯矩图中至少有一个是直线图形。

这时可用下述图乘法来代替积分运算,以简化计算工作。

在工程实际中,梁、刚架基本均满足上述条件,这样积分式中的 $\mathrm{d}s$ 可用 $\mathrm{d}x$ 代替,$\dfrac{1}{EI}$ 可

提到积分号外面,有

$$\int \frac{\overline{M}M}{EI}\mathrm{d}s = \frac{1}{EI}\int \overline{M}M\mathrm{d}x$$

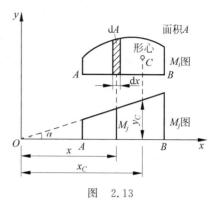

图 2.13

积分号内为弯矩 $\overline{M}$ 与 M 的乘积。

　　如图 2.13 所示为等截面直杆 AB 段上的两个弯矩 M_i 和 M_j 图,设两弯矩图中由直线段构成的弯矩图形为 M_j 图,任意形状的弯矩图形为 M_i 图。现以杆轴为 x 轴,以 M_j 图的延长线与 x 轴的交点 O 为原点,并设置 y 轴。因 M_j 为直线变化,有 $M_j = x \cdot \tan\alpha$,故上面的积分式成为

$$\frac{1}{EI}\int \overline{M}M\mathrm{d}x = \frac{1}{EI}\int M_i M_j \mathrm{d}x = \frac{1}{EI}\int x \cdot \tan\alpha M_i \mathrm{d}x = \frac{\tan\alpha}{EI}\int x M_i \mathrm{d}x = \frac{\tan\alpha}{EI}\int x \mathrm{d}A$$

式中,$\mathrm{d}A = M_i \mathrm{d}x$,为 M_i 图中有阴影线的微段面积,故 $x\mathrm{d}A$ 为微面积 $\mathrm{d}A$ 对 y 轴的面积矩。积分 $\int x \mathrm{d}A$ 为整个 AB 段上 M_i 图的面积对 y 轴的面积矩。根据面积矩定理,它应等于 AB 段上 M_i 图的面积 A 乘以其形心到 y 轴的距离 x_C,有

$$\frac{\tan\alpha}{EI}\int_A^B x\mathrm{d}A = \frac{\tan\alpha}{EI}Ax_C = \frac{1}{EI}A(\tan\alpha x_C) = \frac{1}{EI}Ay_C$$

式中,y_C 为 M_i 图的形心处对应的 M_j 的纵距。故有

$$\int \frac{\overline{M}M}{EI}\mathrm{d}s = \frac{1}{EI}\int \overline{M}M\mathrm{d}x = \frac{1}{EI}Ay_C$$

$$\Delta_{KF} = \sum \int \frac{\overline{M}M}{EI}\mathrm{d}s = \sum \frac{Ay_C}{EI} \tag{2-12}$$

微课 6

　　式(2-12)就是**图乘公式**。图乘法将求位移计算中的积分运算转化为一个弯矩图的面积 A 与该弯矩图形心处对应的另一个直线弯矩图的纵距 y_C 的乘积,使得位移计算更简单。

　　在应用图乘法计算结构位移时应注意下列几点:

　　(1) 必须符合应用条件。杆件应是等截面直杆,两个图形中至少有一个是直线图形,而且 y_C 应取自直线图形。如果两个图形均为直线图形,纵距 y_C 可取自其中任一直线图形。

　　(2) 若面积 A 和纵距 y_C 在杆件的同侧,则乘积 Ay_C 取正号;异侧取负号。

　　(3) 常用的几种简单图形的面积及形心位置如图 2.14 所示。在各抛物线图形中,顶点是指其切线平行于基线的点,其顶点在中点或端点者称为标准抛物线图形。

　　(4) 当图形的面积或形心位置不易确定时,可将其分解为几个简单的图形,用简单的图形分别与另一图形相乘,然后把所得结果相加。

　　例如,图 2.15 所示两个梯形弯矩图图乘时,梯形的形心位置不易确定,可将其分解成两个三角形(也可分为一个矩形与一个三角形),分别用图乘法,并将计算结果相加。有

$$\frac{1}{EI}\int M_i M_j \mathrm{d}x = \frac{1}{EI}(A_1 y_1 + A_2 y_2) \tag{a}$$

　　当 a 和 b 不在基线的同一侧时,如图 2.16 所示,仍然可分为两个三角形,只是这两个三角形分别在基线的两侧,a 和 b 有不同的正负号,式(a)仍然适用。

　　又如在均布荷载作用下的直杆中,任一段的弯矩图如图 2.17 所示,它是由一个两端弯

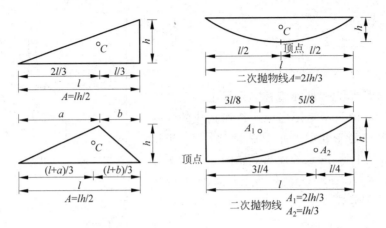

图　2.14

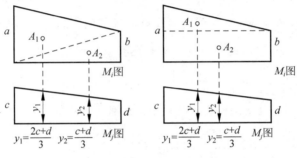

图　2.15

矩组成的梯形与简支梁受均布荷载产生的一个标准二次抛物线图形的叠加,因此可将其分解为两个简单图形,即一个梯形与一个标准二次抛物线图形。

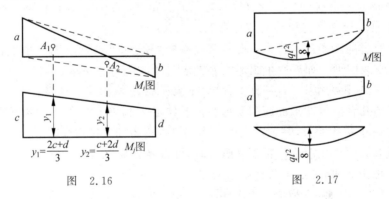

图　2.16　　　　　　　　　图　2.17

（5）当直线图形不是一段直线而是由若干段直线段组成时,由于各段具有不同的倾角,应分段进行计算,如图 2.18 所示。有

$$\frac{1}{EI}\int \overline{M}M\mathrm{d}x = \frac{1}{EI}(A_1y_1 + A_2y_2 + A_3y_3) \tag{b}$$

（6）当直杆各段的截面不相等,即 EI 不同时,应分段进行计算,如图 2.19 所示。有

$$\int \frac{\overline{M}M}{EI}\mathrm{d}x = \frac{A_1y_1}{EI_1} + \frac{A_2y_2}{EI_2} + \frac{A_3y_3}{EI_3} \tag{c}$$

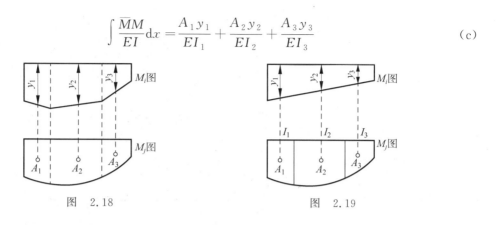

图　2.18　　　　　　　　　　图　2.19

例 2.5　试用图乘法计算如图 2.20 所示简支梁在均布荷载 q 作用下中点的挠度。

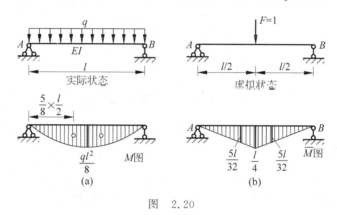

图　2.20

解　解题思路：根据所求位移加单位力，设虚拟状态，作 $\overline{M}$、M 图，再图乘。

解题过程：作虚拟状态如图 2.20(b)所示，分别作出实际状态和虚拟状态的弯矩图，如图 2.20(a)、(b)所示。$\overline{M}$ 图由两段直线组成，因此图乘时应分段进行。将 M 图从中点分开，两边对称，为标准二次抛物线图形。则有

$$\Delta_{\max} = \sum \frac{Ay_C}{EI} = \frac{A_1y_1}{EI} + \frac{A_2y_2}{EI}$$

$$= 2 \times \left(\frac{2}{3} \times \frac{l}{2} \times \frac{ql^2}{8} \right) \times \frac{5l}{32} \frac{1}{EI} = \frac{5ql^4}{384EI}(\downarrow)$$

结果与例 2.2 利用积分法的计算结果相同，显然图乘法更简单。

例 2.6　求如图 2.21(a)所示悬臂梁 B 截面的转角 θ_B，B 点和 C 点的竖向位移分别为 Δ_{BV} 和 Δ_{CV}。

解　解题思路：根据所求位移加单位力，设虚拟状态，作 $\overline{M}$、M 图，再图乘。

解题过程：

(1) 求 B 点的转角 θ_B。

作荷载作用下的弯矩图，如图 2.21(a)所示。在 B 点加单位力偶 $M=1$，并作出如图 2.21(b)所示的单位弯矩图 $\overline{M}_1$ 图。由于两个图形均为直线，可任取一个作为面积 A。如计算 M 图的面积 A，则有

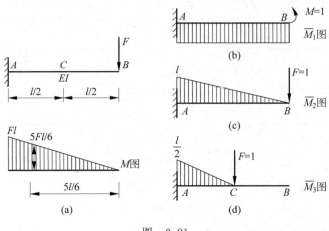

图　2.21

$$A = \frac{1}{2} \cdot l \cdot Fl = \frac{Fl^2}{2}, \quad y_C = 1$$

将图 2.21(a)和图 2.21(b)图乘,得

$$\theta_B = \frac{-1}{EI}\left(\frac{Fl^2}{2} \cdot 1\right) = -\frac{Fl^2}{2EI}$$

由于图 2.21(a)与图 2.21(b)在梁的异侧,故取负值。所得结果为负,说明实际转角与虚设 $\overline{M}$ 相反,为顺时针。

(2) 求 B 点的竖向位移 Δ_{BV}。

在 B 点加竖向单位力 $F=1$,并作出 $\overline{M}_2$ 图,如图 2.21(c)所示,计算 M 图的面积 A,得

$$A = \frac{1}{2} \cdot l \cdot Fl = \frac{Fl^2}{2}$$

$$y_C = \frac{2}{3}l$$

将图 2.21(a)和图 2.21(c)图乘,得

$$\Delta_{BV} = \frac{1}{EI}\left(\frac{Fl^2}{2} \cdot \frac{2}{3}l\right) = \frac{Fl^3}{3EI}(\downarrow)$$

(3) 求 C 点的竖向位移 Δ_{CV}。

在 C 点加竖向单位力 $F=1$,作出图 2.21(d)所示的单位弯矩图 $\overline{M}_3$,取 AC 段 $\overline{M}_3$ 图计算面积 A,其起点和终点所对应的 M 图是直线,故可应用图乘法公式。由图算得

$$A = \frac{1}{2} \times \frac{l}{2} \times \frac{l}{2} = \frac{l^2}{8}$$

$$y_C = \frac{5}{6}Fl$$

则

$$\Delta_{CV} = \frac{1}{EI}Ay_C = \frac{1}{EI} \cdot \frac{l^2}{8} \cdot \frac{5}{6}Fl = \frac{5Fl^3}{48EI}(\downarrow)$$

例 2.7　求图 2.22(a)所示梁外伸悬臂端 C 点的竖向位移 Δ_{CV}。

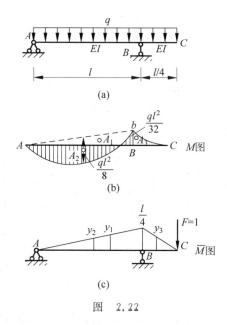

图　2.22

解　解题思路:根据所求位移加单位荷载,设虚拟力状态,作 $\overline{M}$、M 图,再图乘。

解题过程:利用叠加法,作出荷载作用下的 M 图,如图 2.22(b)所示。为求 Δ_{CV},在 C 点处加单位力 $F=1$,并绘制出 $\overline{M}$ 图,如图 2.22(c)所示。AB 段的 M 图可分解为三角形图形 A_1 与抛物线图形 A_2,分别与 $\overline{M}$ 图 AB 段三角形图乘。

三角形面积

$$A_1 = \frac{1}{2} \times l \times \frac{ql^2}{32} = \frac{ql^3}{64}$$

对应 $\overline{M}$ 的竖标

$$y_1 = \frac{2}{3} \times \frac{l}{4} = \frac{l}{6}$$

抛物线面积

$$A_2 = \frac{2}{3} l \times \frac{1}{8} ql^2 = \frac{ql^3}{12}$$

对应 $\overline{M}$ 的竖标

$$y_2 = \frac{1}{2} \times \frac{l}{4} = \frac{l}{8}$$

BC 段为抛物线,因 C 端 $F_S = 0$,故知 BC 段弯矩图是一条标准的二次抛物线,其面积为

$$A_3 = \frac{1}{3} \times \frac{l}{4} \times \frac{ql^2}{32} = \frac{ql^3}{384}$$

对应 $\overline{M}$ 的竖标

$$y_3 = \frac{3}{4} \times \frac{l}{4} = \frac{3l}{16}$$

由此可得

$$\Delta_{CV} = \frac{1}{EI}\left(\frac{ql^3}{64} \cdot \frac{l}{6} - \frac{ql^3}{12} \cdot \frac{l}{8} + \frac{ql^3}{384} \cdot \frac{3l}{16}\right)$$

$$= -\frac{15ql^4}{2\,048EI}(\uparrow)$$

例 2.8 求如图 2.23(a)所示刚架的 C 点的水平位移 Δ_{CH}。已知 $EI=$ 常数。

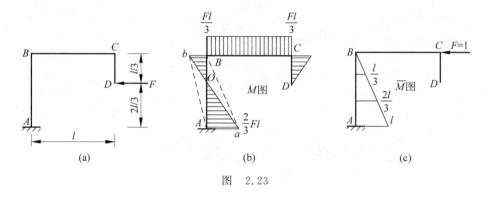

图 2.23

解 解题思路:根据所求位移加单位力,设虚拟状态,绘制 $\overline{M}$、M 图,再图乘。

解题过程:在 C 点加水平力 $F=1$,绘制 M 图及 $\overline{M}$ 图,如图 2.23(b)、(c)所示。AB 杆的 M 图有正负部分,图乘时不宜分为 $\triangle aOA$ 和 $\triangle bOB$,根据叠加原理,将 M 图看作 $\triangle aAB(A_1)$ 和 $\triangle bAB(A_2)$ 相叠加。这样不但面积容易计算,而且对应纵坐标 y_1、y_2 也容易算出。

由图 2.23(b)、(c)可以算得

$$A_1 = \frac{1}{2} \times l \times \frac{2}{3}Fl = \frac{Fl^2}{3}, \quad y_1 = \frac{2l}{3}$$

$$A_2 = \frac{1}{2} \times l \times \frac{1}{3}Fl = \frac{Fl^2}{6}, \quad y_2 = \frac{l}{3}$$

则

$$\Delta_{CH} = \frac{1}{EI}\left(\frac{Fl^2}{3} \times \frac{2l}{3} - \frac{Fl^2}{6} \times \frac{l}{3}\right) = \frac{Fl^3}{6EI}(\leftarrow)$$

例 2.9 试用图乘法求图 2.24(a)所示刚架 A、B 截面的竖向相对线位移。已知各杆 EI 为常数。

解 解题思路:根据所求位移加单位力,设虚拟状态,绘制 $\overline{M}$、M 弯矩图,再图乘。

解题过程:为计算 A、B 之间的竖向相对线位移,在 A、B 上加一对方向相反的竖向单位力,分别作出实际状态的 M 图和虚拟状态的 $\overline{M}$ 图,如图 2.24(b)和图 2.24(c)所示。由图乘法可得

$$\Delta_{ABV} = \sum \frac{Ay_C}{EI}$$

$$= 2\left[\left(\frac{1}{2}Fh \cdot h\right) \times \frac{l}{2} + \left(\frac{1}{2} \times \frac{l}{2} \times 2Fh\right) \times \frac{2}{3} \times \frac{l}{2}\right]\frac{1}{EI}$$

$$= \frac{Flh(3h + 2l)}{6EI}$$

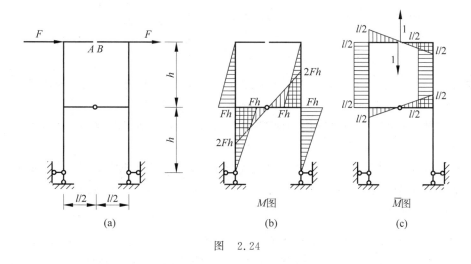

图　2.24

计算结果为正,说明 AB 之间的竖向相对线位移与虚拟广义力的方向相同。

2.6　静定结构支座移动时的位移计算

对于静定结构,支座移动并不引起内力,因而杆件不会发生变形。此时结构产生的位移为刚体位移。

据式(2-7),有

$$\Delta_{KC} = - \sum \overline{F}_{R}c \tag{2-13}$$

这就是**静定结构在支座移动时位移计算的一般公式**,式中,c 为实际位移状态中的支座位移,$\overline{F}_{R}$ 为虚拟单位力状态对应的支座反力。$\sum \overline{F}_{R}c$ 为反力虚功,当反力 $\overline{F}_{R}$ 与实际支座位移 c 方向一致时其乘积为正,两者方向相反时为负。当 Δ_{KC} 为正时,说明所求位移与所设单位力的方向一致。

例 2.10　图 2.25(a)所示三铰刚架,支座 B 下沉 a,向右移动 b,求截面 E 的角位移 θ_E。

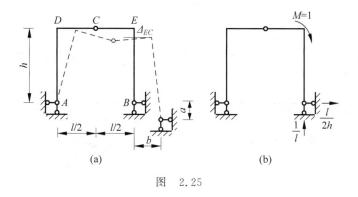

图　2.25

解　解题思路:根据所求位移加相应单位荷载,求出支反力,按式(2-13)进行计算。

解题过程:在截面 E 加单位力偶,其虚拟状态如图 2.25(b)所示。求出支座 B 的竖向及水平方向的反力为 $F_{By}=\dfrac{1}{l}$，$F_{Bx}=\dfrac{1}{2h}$。由式(2-13)，得

$$\theta_E=-\sum \bar{F}_R c=-\left(-\frac{a}{l}+\frac{b}{2h}\right)=\frac{a}{l}-\frac{b}{2h}$$

例 2.11 某刚架支座 A 的位移如图 2.26(a)所示，试求 B 点的竖向位移和铰 C 左右两侧截面的相对转角。已知 $a=4\text{cm}$，$b=2\text{cm}$，$\theta=0.002\text{rad}$。

解 解题思路：根据所求位移，加相应单位荷载，求出支座反力，按式(2-13)进行计算。

解题过程：

(1) 欲求 B 点的竖向位移，在 B 点沿竖向加上单位力，求出相应支座反力，如图 2-26(b)所示。由式(2-13)有

$$\Delta_{BV}=-\sum \bar{F}_R c$$
$$=-(1\times a-1\times b-12\times 10^2 \theta)$$
$$=-(1\times 4-1\times 2-1\,200\times 0.002)\text{cm}=0.4\text{cm}(\downarrow)$$

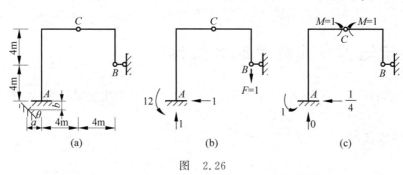

图   2.26

(2) 欲求铰 C 左右截面的相对转角，在 C 点左右加上一对单位力偶，求出相应支座反力，如图 2.26(c)所示。由式(2-13)有

$$\theta_C=-\sum \bar{F}_R c$$
$$=-\left(\frac{1}{4\times 10^2}\times a+0-1\times \theta\right)$$
$$=-\left(\frac{1}{400}\times 4-1\times 0.002\right)\text{rad}=-0.008\text{rad}$$

例 2.12 如图 2.27 所示桁架，施工时 C 点需预置起拱度 6cm。试求 4 根下弦杆在制造时应做的长度是多少？

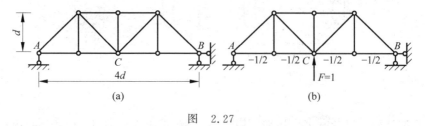

图   2.27

解 解题思路：将各杆应做长度设为 λ，设为制造误差或支座沉降，按式(2-13)进行

计算。

解题过程：设下弦各杆应做长 λ，其值可由式（2-13）求得。在 C 点加一虚拟单位力，并求出下弦各杆（有制造误差的杆）的内力，如图 2.27(b) 所示。根据式（2-13），得

$$\Delta_{CV} = -\sum \lambda \overline{F}_N = -\left[4 \times \left(-\frac{1}{2} \right) \cdot \lambda \right] = 6\text{cm}$$

$$\lambda = 3\text{cm}$$

即只要使下弦各杆做长 3cm，即可达到所需预置的拱度。

2.7　梁的刚度校核

2.7.1　梁的刚度条件

构件不仅要满足强度条件，还要满足刚度条件。对梁而言，校核梁的刚度是为了检查梁在荷载等作用下产生的位移是否超过容许值。在建筑工程中，一般只校核在荷载作用下梁截面的竖向位移，即挠度。与梁的强度校核一样，梁的刚度校核也有相应的标准，这个标准就是挠度的容许值 f 与跨度 l 的比值，用 $\left[\dfrac{f}{l} \right]$ 表示。梁在荷载作用下产生的最大挠度 $y_{\max}$ 与跨度 l 的比值不能超过该比值，即

$$\frac{y_{\max}}{l} \leqslant \left[\frac{f}{l} \right] \tag{2-14}$$

微课 8

式（2-14）就是**梁的刚度条件**。根据梁的不同用途，相对容许挠度可从有关结构设计规范查出，一般钢筋混凝土梁的 $\left[\dfrac{f}{l} \right] = \dfrac{1}{300} \sim \dfrac{1}{200}$；钢筋混凝土吊车梁的 $\left[\dfrac{f}{l} \right] = \dfrac{1}{600} \sim \dfrac{1}{500}$。

对于土建工程中的梁，一般先按强度条件选择梁的截面尺寸，再按刚度条件进行验算，梁的转角可不必校核。

例 2.13　一承受均布荷载的简支梁如图 2.28 所示，已知 $l = 6\text{m}$，$q = 4\text{kN/m}$，梁的相对容许挠度 $\left[\dfrac{f}{l} \right] = \dfrac{1}{400}$，采用 No.22a 工字钢，其惯性矩 $I = 0.34 \times 10^{-4} \text{m}^4$，弹性模量 $E = 2 \times 10^5 \text{MPa}$，试校核梁的刚度。

解　解题思路：先求出最大挠度 $y_{\max}$，再将 $\dfrac{y_{\max}}{l}$ 与 $\left[\dfrac{f}{l} \right]$ 比较，满足式（2-14）者，即为满足刚度条件。

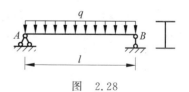

图　2.28

解题过程：由例 2.5 知承受满跨均布荷载的简支梁，最大挠度发生在跨度中点截面处，按刚度条件表达式（2-14），应取跨度中点处挠度作为校核对象。梁的最大挠度为

$$y_{\max} = \frac{5ql^4}{384EI} = \frac{5 \times 4 \times 10^3 \times 6^4}{384 \times 2 \times 10^{11} \times 0.34 \times 10^{-4}} \text{m} \approx 0.01\text{m}$$

$$\frac{y_{\max}}{l} = \frac{0.01}{6} = \frac{1}{600} < \frac{1}{400}$$

故选用 No.22a 工字钢能满足刚度要求。

例 2.14   如图 2.29 所示简支梁采用 No.32a 工字钢,在梁中点作用力 $F=20\text{kN}$,$E=210\text{GPa}$,梁长 $l=9\text{m}$,梁的相对容许挠度 $\left[\dfrac{f}{l}\right]=\dfrac{1}{500}$,试进行刚度校核。

解   解题思路:先求出最大挠度 $y_{\max}$,再将 $\dfrac{y_{\max}}{l}$ 与 $\left[\dfrac{f}{l}\right]$ 比较,满足式(2-14),即为满足刚度条件。

解题过程:

(1) 求最大挠度 $y_{\max}$,由例 2.1 知,中点承受集中荷载的简支梁,最大挠度发生在中点,其值为 $y_{\max}=\dfrac{Fl^3}{48EI}$。

(2) $\dfrac{y_{\max}}{l}=\dfrac{Fl^2}{48EI}=\dfrac{20\times10^3\times(9\times10^3)^2}{48\times210\times10^3\times11\,075.525\times10^4}\approx\dfrac{1}{689}<\left[\dfrac{f}{l}\right]=\dfrac{1}{500}$,满足刚度条件。

2.7.2   提高梁刚度的措施

根据梁的挠度计算知,梁的最大挠度与梁的荷载、跨度 l 和抗弯刚度 EI 等情况有关,因此,若要提高梁的刚度,需从以下几方面考虑。

微课 9

1. 提高梁的抗弯刚度 EI

梁的变形与刚度 EI 成反比,增大梁的 EI 将会使梁的变形减小。因为同类材料的弹性模量 E 值是不变的,所以只能设法增大梁横截面的惯性矩 I。在面积不变的情况下,采用合理的截面形状增大截面惯性矩,例如,工字形、箱形、T 形等截面都比面积相等的矩形截面有更大的惯性矩。所以,起重机大梁一般采用工字形或箱形截面。一般情况下,提高截面惯性矩 I 的数值,也同时提高了梁的强度。

2. 减小梁的跨度

由梁的位移计算可知,梁的变形与梁跨 l 的 3～4 次幂成正比。设法减小梁的跨度,将会有效地减小梁的变形。例如,若条件允许,将简支梁的支座向中间适当移动变成外伸梁,或在简支梁的中间增加支座,都是减小梁变形的有效措施。

3. 改善荷载的分布情况

在结构允许的条件下,合理地改变荷载的作用位置及分布情况可降低最大弯矩,从而减小梁的变形。例如,将集中荷载分散作用,或改为分布荷载都可达到降低弯矩、减小变形的目的。

例如,简支梁在跨度中点作用集中力 F 时,最大挠度为 $y_{\max}=\dfrac{Fl^3}{48EI}$;若将集中力 F 改为集度 $q=\dfrac{F}{l}$ 的均布荷载,则最大挠度为 $y_{\max}=\dfrac{5Fl^3}{384EI}$,仅为前者的 62.5%。

2.8   线弹性结构的互等定理

本节介绍 3 个线弹性结构的互等定理,其中最基本的定理是功的互等定理,其他两个定理都可由此推导出来。这些定理将在第 3、4 章中得到应用。

2.8.1　功的互等定理

设有两组外力 F_1 和 F_2，分别作用于同一线弹性结构上，如图 2.30(a)和(b)所示，分别称为结构的第一状态和第二状态。如果计算第一状态的外力和内力在第二状态相应的位移和变形上所做的虚功 W_{12} 和 W'_{12}，并根据虚功原理 $W_{12} = W'_{12}$，则有

$$F_1 \Delta_{12} = \sum \int \frac{M_1 M_2 \, \mathrm{d}s}{EI} + \sum \int \frac{F_{N1} F_{N2} \, \mathrm{d}s}{EA} + \sum \int k \frac{F_{S1} F_{S2} \, \mathrm{d}s}{GA} \qquad \text{(a)}$$

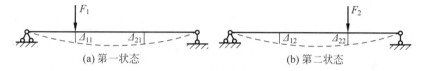

(a) 第一状态　　　　　　　　　　(b) 第二状态

图　2.30

式中，位移 Δ_{12} 的两个下标的含义与前相同，即第一个下标"1"表示位移的地点和方向，即该位移是 F_1 作用点沿 F_1 方向上的位移；第二个下标"2"表示产生位移的原因，即该位移是 F_2 所引起的。

反过来，如果计算第二状态的外力和内力在第一状态相应的位移和变形上所做的虚功 W_{21} 和 W'_{21}，并根据虚功原理 $W_{21} = W'_{21}$，则有

$$F_2 \Delta_{21} = \sum \int \frac{M_2 M_1 \, \mathrm{d}s}{EI} + \sum \int \frac{F_{N2} F_{N1} \, \mathrm{d}s}{EA} + \sum \int k \frac{F_{S2} F_{S1} \, \mathrm{d}s}{GA} \qquad \text{(b)}$$

上面(a)、(b)两式的右边是相等的，因此左边也应相等，故有

$$F_1 \Delta_{12} = F_2 \Delta_{21} \qquad \text{(2-15)}$$

或写为

$$W_{12} = W_{21} \qquad \text{(2-16)}$$

式(2-16)表明，第一状态的外力在第二状态的位移上所做的虚功等于第二状态的外力在第一状态的位移上所做的虚功。这就是**功的互等定理**。

2.8.2　位移互等定理

现在利用功的互等定理来研究一种特殊情况。如图 2.31 所示，假设两个状态中的荷载都是单位力，即 $F_1 = 1$，$F_2 = 1$，则由功的互等定理，即式(2-15)，有

$$1 \times \Delta_{12} = 1 \times \Delta_{21}$$

$$\Delta_{12} = \Delta_{21}$$

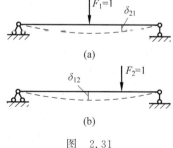

图　2.31

此处 Δ_{12} 和 Δ_{21} 都是由于单位力所引起的位移，为了区别一般力与单位力引起的位移，现将单位力引起的位移改用小写字母 δ_{12} 和 δ_{21} 表示，于是上式写成

$$\delta_{12} = \delta_{21} \qquad \text{(2-17)}$$

式(2-17)就是**位移互等定理**。它表明，第二个单位力在第一个单位力作用点沿其方向

引起的位移,等于第一个单位力所引起的第二个单位力作用点沿其方向的位移。

2.8.3　反力互等定理

这个定理也是功的互等定理的一种特殊情况。它用来说明在超静定结构中,假设两个支座分别产生单位位移时,两个状态中反力的互等关系。图 2.32 表示支座 1 发生单位位移 $\Delta_1 = 1$ 的状态,此时使支座 2 产生的反力为 r_{21};图 2.32(b)表示支座 2 发生单位位移 $\Delta_2 = 1$ 的状态,使支座 1 产生的反力为 r_{12}。根据功的互等定理,有

$$r_{21} \cdot \Delta_2 = r_{12} \cdot \Delta_1$$

令 $\Delta_1 = \Delta_2 = 1$,则有

$$r_{21} = r_{12} \tag{2-18}$$

式(2-18)就是**反力互等定理**。它表示,**支座 1 发生单位位移时在支座 2 产生的反力**,等于**支座 2 发生单位位移时在支座 1 产生的反力**。

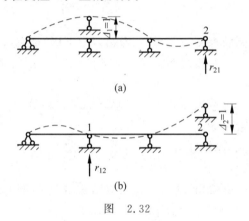

(a)

(b)

图　2.32

复习思考题

1. 何谓结构的位移? 为什么要计算结构的位移?

2. 何谓广义力? 何谓广义位移?

3. 何谓功? 何谓实功? 何谓虚功? 它们的正负号是如何确定的?

4. 变形体的虚功原理是什么?

5. 何谓单位荷载法? 如何虚设单位荷载?

6. 试写出用积分法求梁、刚架和桁架的位移计算公式,并说明每个符号的意义。

7. 试写出用图乘法求梁、刚架的位移计算公式,并说明每个符号的意义。

8. 运用图乘法求梁、刚架位移的条件是什么? 注意事项是什么?

9. 应用图乘法为什么要分段? 什么情况下分段? 什么情况下不分段?

10. 应用图乘法图乘时,正负号如何确定?

11. 如图 2.33 所示图乘是否正确? 如不正确请改正。

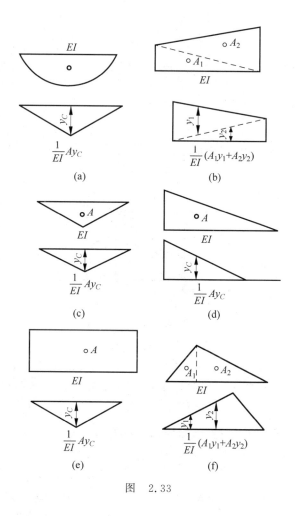

图　2.33

练习题

1. 试用积分法求如图 2.34 所示一悬臂梁 B 端的竖向位移 Δ_{BV} 及角位移 θ_B。$EI =$ 常数。

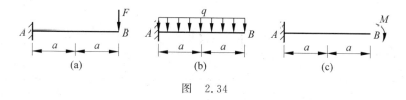

图　2.34

2. 试用积分法求如图 2.35 所示梁中点 C 的竖向位移及 B 截面转角 θ_B。$EI =$ 常数。

3. 试用积分法计算如图 2.36 所示刚架 A 点的竖向位移 Δ_{AV}。

4. 试求如图 2.37 所示桁架 D 点的竖向位移 Δ_{DV}。各杆 $EA =$ 常数。

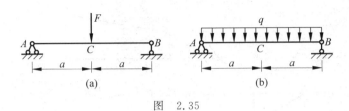

图 2.35

5. 如图2.38所示桁架中各杆的 EA 为常数,试求 A 点的竖向位移 Δ_{AV} 及水平位移 Δ_{AH}。

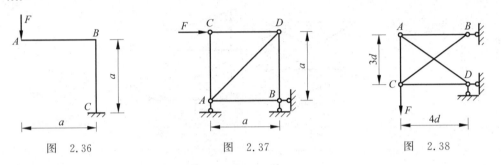

图 2.36   图 2.37   图 2.38

6. 如图2.39所示桁架中已求得上弦杆 AC 和 CB 都缩短1.2cm,CD 杆和 CE 杆都缩短0.8cm,而下弦杆 AD、DE、EB 都伸长1.0cm。试求 C 点的竖向位移 Δ_{CV} 和 B 点的水平位移 Δ_{BH}。

7. 如图2.40所示桁架中,各杆的截面面积均为 $A=1\,000\text{mm}^2$,$E=200\text{kN/mm}^2$,$F=20\text{kN}$,试求 D 点的水平线位移 Δ_{DH}。

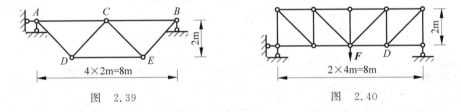

图 2.39   图 2.40

8. 如图2.41所示梁的 EI 为常数,试用图乘法求 C 点的竖向位移 Δ_{CV} 及 B 点的角位移 θ_B。

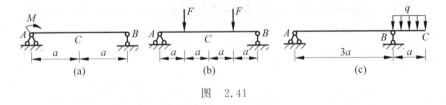

图 2.41

9. 如图2.42所示结构的 $EI=$ 常数,试求 A 点的竖向位移 Δ_{AV}。

10. 如图2.43所示结构,求铰 C 两侧的相对转角。

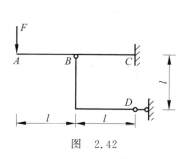

图 2.42

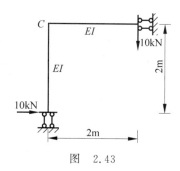

图 2.43

11. 如图 2.44 所示刚架,已知 $F=2qa$,求 B 点的水平位移 Δ_{BH}、竖向位移 Δ_{BV} 及角位移 θ_B。

12. 求如图 2.45 所示三铰刚架铰 C 处的竖向位移 Δ_{CV}。

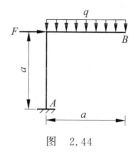

图 2.44

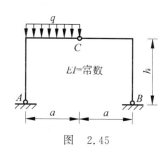

图 2.45

13. 如图 2.46 所示悬臂刚架,如果支座 A 发生图示支座位移,试求由此引起的 C 点的竖向位移 Δ_{CV}。

14. 如图 2.47 所示刚架,如果支座 A 发生图示支座位移,试求由此引起的 B 点的竖向位移 Δ_{BV}。

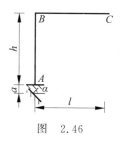

图 2.46

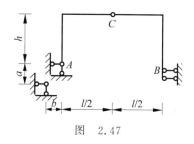

图 2.47

15. 如图 2.48 所示三铰拱,如果支座 A 发生图示沉陷,试求由此引起的支座 B 处截面的转角 θ_B。

16. 一简支梁由 28b 号工字钢制成,跨中承受一集中荷载如图 2.49 所示。已知 $F=20\text{kN}$,$l=9\text{m}$,$E=210\text{GPa}$,$\left[\dfrac{f}{l}\right]=\dfrac{1}{500}$。试校核梁的刚度。

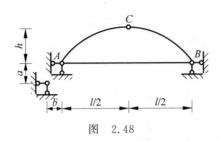

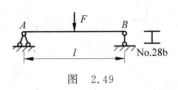

图　2.48　　　　　　　　　图　2.49

17. 某桥式吊车的最大载荷为 $F=20\text{kN}$。吊车大梁由 No.32a 工字钢制成。$E=210\text{GPa}$，$l=8.76\text{m}$。设计要求许用挠度 $\left[\dfrac{f}{l}\right]=\dfrac{1}{500}$。试校核图 2.50 所示吊车梁的刚度。

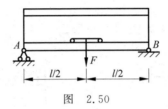

图　2.50

练习题参考答案

1. (a) $\Delta_{BV}=\dfrac{2a^3}{3EI}F(\downarrow)$，　$\theta_B=\dfrac{2Fa^3}{EI}$（顺）；

   (b) $\Delta_{BV}=\dfrac{2qa^4}{EI}(\downarrow)$，　$\theta_B=\dfrac{4qa^3}{3EI}$（逆）；

   (c) $\Delta_{BV}=\dfrac{2a^2M}{EI}(\downarrow)$，　$\theta_B=\dfrac{2aM}{EI}$（顺）。

2. (a) $\Delta_{CV}=\dfrac{Fa^3}{6EI}$，　$\theta_B=\dfrac{Fa^2}{4EI}$（逆）；

   (b) $\Delta_{CV}=\dfrac{5qa^4}{24EI}(\downarrow)$，　$\theta_B=\dfrac{qa^3}{3EI}$（逆）。

3. $\Delta_{AV}=\dfrac{5qa^2}{6EI}(\downarrow)$。

4. $\Delta_{DV}=\dfrac{Fa}{EA}(\downarrow)$。

5. $\Delta_{AV}=\dfrac{21Fd}{AE}(\downarrow)$，　$\Delta_{AH}=\dfrac{16Fd}{3AE}(\leftarrow)$。

6. $\Delta_{CV}=4.75\text{cm}(\downarrow)$，　$\Delta_{BH}=2.4\text{cm}(\leftarrow)$。

7. $\Delta_{DH}=0.2\text{mm}(\rightarrow)$。

8. (a) $\Delta_{CV}=\dfrac{Ma^2}{4EI}(\downarrow)$，　$\theta_B=\dfrac{Ma}{3EI}$（逆）；

   (b) $\Delta_{CV}=\dfrac{11}{6EI}Fa^3(\downarrow)$，　$\theta_B=\dfrac{3Fa^2}{2EI}$（逆）；

（c）$\Delta_{CV}=\dfrac{5}{8EI}qa^4$（↓），　$\theta_B=\dfrac{1}{2EI}qa^3$（逆）。

9. $\Delta_{AV}=\dfrac{8Fl^3}{3EI}$。

10. $\theta_C=\dfrac{40}{EI}$。

11. $\Delta_{BH}=\dfrac{a^2}{EI}\left(\dfrac{ql^2}{4}+\dfrac{Fa}{3}\right)$（→），　$\Delta_{BV}=\dfrac{l}{16EI}(ql^3+8ql^2a+8Fa^2)$（↙）。

$\theta_B=\dfrac{1}{12EI}(ql^3+6ql^2a+6Fa)$（顺）。

12. $\Delta_{CV}=\dfrac{qa^3}{48EI}(3a+4h)$（↓）。

13. $\Delta_{CV}=a+\alpha l$（↓）。

14. $\Delta_{BV}=\alpha+\dfrac{lb}{2h}$（↓）。

15. $\theta_B=\dfrac{a}{l}+\dfrac{b}{2h}$。

16. $\dfrac{1}{465}>\left[\dfrac{f}{l}\right]=\dfrac{1}{500}$，刚度不够，应根据刚度条件再选择工字钢。

17. $y_{\max}\approx12\mathrm{mm}$，　$\dfrac{y_{\max}}{l}=\dfrac{12}{9\,000}=\dfrac{1}{750}<\left[\dfrac{f}{l}\right]=\dfrac{1}{500}$，刚度足够。

第 2 篇　超静定结构的内力分析

引言

超静定结构是目前工程中用得比较广泛的一种结构形式,其内力分析方法很多,但最基本的方法只有两种——力法和位移法。

力法是以多余未知约束力(约束反力和约束反力偶矩)作为基本未知量,先将多余约束力算出来,将原结构变成静定结构,然后运用静定结构的内力计算方法算出原结构的内力。

位移法是以位移(结点线位移和角位移)作为基本未知量,先求出位移,然后再利用位移与内力的关系算出原结构的内力。

力法与位移法都是将难计算的超静定结构等效为简单的基本结构来解决内力计算问题。二者的基本思路概括如下。

1. 取基本结构

力法的做法是去掉多余约束,使超静定结构成为几何不变的静定结构;位移法的做法是增加附加约束,使超静定结构成为相互独立的单跨超静梁的组合体。

2. 消除基本结构与原结构之间的差别

力法的消除方法是列出表示变形连续条件的一组代数方程;位移法的消除方法是列出表示平衡条件的一组代数方程,解方程求出基本未知量,再依基本未知量求出其他所需的未知量,然后依此数据绘制内力图。

选用这两种方法的基本原则是:对于超静定次数少而结点位移多的超静定结构,选用力法较简便;对于超静定次数多而结点位移少的超静定结构,选用位移法较简便。但对于高层多跨框架,这两种方法都不简便,常用的方法有渐近法、近似法和电算法等。

渐近法是以位移法为基础的超静定结构计算方法。其思路是采取逐步修正、逐次渐近的方法,可以直接求出杆端弯矩,而无须解联立方程。常见的渐近法有三种,即力矩分配法、无剪力分配法和迭代法,本章只研究力矩分配法。至于对梁和刚架所采用的塑性分析方法,是钢结构、钢筋混凝土框架结构目前应用比较广泛的一种先进分析方法,本章只是简单介绍塑性分析的一些基本概念,其目的是满足后续专业课程的需要。

第 **3** 章

力　法

本章学习目标

- 了解超静定结构的基本概念。
- 掌握力法基本原理,会建立力法典型方程。
- 掌握力法解超静定梁、刚架、桁架、排架、组合结构和两铰拱的计算特点。
- 会利用对称性简化力法计算。
- 会用力法计算单跨超静定梁的杆端力。

本章介绍采用力法计算超静定结构的基本原理和方法。在简要介绍超静定结构的概念后,重点讨论如何选择力法的基本未知量、基本体系和如何根据变形条件建立力法方程。然后讨论用力法计算超静定梁、刚架、排架、桁架、组合结构和拱等问题,并讨论对称性的简化计算方法。

3.1　超静定结构的概念与超静定次数的确定

3.1.1　超静定结构的概念

超静定结构与静定结构相比,主要有以下两方面的特点。

1. 几何构造的特征

静定结构是没有多余约束的几何不变体系,前面研究的各种结构都是静定结构;而超静定结构是具有多余约束的几何不变体系。如图 3.1 所示刚架,若去掉支座链杆 B,则变成悬臂静定刚架,体系仍是几何不变的,所以图示刚架有一个多余约束,为一次超静定结构。

2. 静力计算特征

静定结构的反力和内力完全可由静力平衡条件求得;而超静定结构由于具有多余约束,因此仅用静力平衡条件不能求出全部反力和内力,还须考虑变形连续条件。如图 3.1 所示刚架有四个反力,却只有三个静力平衡方程,故计算不出它的全部反力,其内力也就无法计算了。

综上所述,超静定结构是有多余约束的,且其反力和内力需靠静力平衡条件和变形条件来确定的结构。

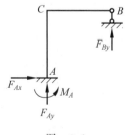

图　3.1

3.1.2　超静定次数的确定

从几何构造方面来说，多余约束的数目就是结构的超静定次数。从静力计算方面来说，由静力平衡条件和变形条件计算未知力时多余未知力的数目就是结构的超静定次数。而超静定次数的确定有很多种方法，有解除约束法、封闭无铰的框格法及计算自由度的公式法等，其中解除约束法是最基本也是最直观的一种方法，下面只讨论这种方法。

解除约束法的原理是将超静定结构中的多余约束去掉，而用相应的多余未知力来代替，这时超静定结构变为静定结构。解除约束的方法有如下几种。

（1）去掉一个支座链杆或切断一根内部链杆，相当于拆除一个约束，如图 3.2(a)～(d)所示。

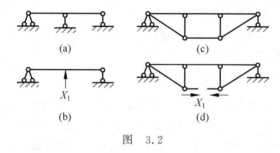

图　3.2

（2）去掉一个固定铰支座或撤去一个单铰，相当于拆除两个约束，如图 3.3(a)～(d)所示。

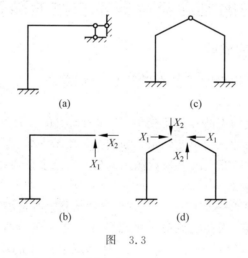

图　3.3

（3）去掉一个固定支座或切断一根梁式杆，相当于拆除三个约束，如图 3.4(a)～(d)所示。

（4）将刚性联结改为单铰联结，相当于拆除一个约束，如图 3.5(a)～(d)所示。

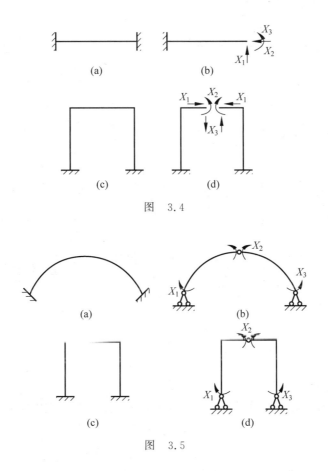

图　3.4

图　3.5

3.2　力法的基本原理

力法是求解超静定结构最基本的一种方法,它的应用范围很广。力法解算超静定结构的基本思路是,设法求出超静定结构的多余未知力,使其转化为解算静定结构。

下面根据这个基本思路,结合图 3.6(a)所示的一次超静定结构说明力法的基本原理。

3.2.1　力法的基本未知量和基本结构

图 3.6(a)所示为具有一个多余约束的超静定梁。若将 B 处的支座链杆作为多余约束去掉,用相应的多余未知力 X_1 代替,则原结构变为如图 3.6(b)所示的悬臂梁。多余未知力 X_1 称为**力法的基本未知量**,去掉多余约束后得到的静定结构称为**力法的基本结构**。在荷载和多余未知力共同作用下的基本结构称为**基本体系**。

微课 10

3.2.2　力法的基本方程

如何求出基本未知量 X_1 是力法解超静定结构的关键。从图 3.6(a)所示的原结构中可知 B 点的竖向位移等于零,若用图 3.6(b)所示的基本体系代替原结构,则两者的受力状态和位移状态应相同,因此基本体系沿多余未知力 X_1 方向的位移 Δ_1 也应等于零,即

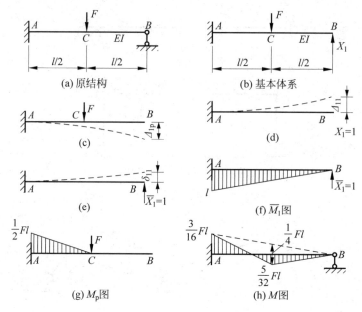

图   3.6

$$\Delta_1 = 0 \qquad\qquad (a)$$

这就是求解多余未知力 X_1 的变形连续条件。

Δ_1 是在荷载 F 和未知力 X_1 共同作用下的位移,根据叠加原理可知,它应该等于荷载 F 和多余未知力 X_1 分别单独作用下的位移之和,即

$$\Delta_1 = \Delta_{11} + \Delta_{1p} = 0 \qquad\qquad (b)$$

式中,Δ_{11} 表示基本结构在 X_1 单独作用下沿 X_1 方向的位移,如图 3.6(d)所示;Δ_{1p} 表示基本结构在荷载 F 单独作用下沿 X_1 方向的位移,如图 3.6(c)所示。

为了求 X_1,先假定 $\overline{X}_1 = 1$,它引起的 X_1 方向上的位移为 δ_{11},如图 3.6(e)所示。那么有

$$\Delta_{11} = \delta_{11} X_1 \qquad\qquad (c)$$

将式(c)代入式(b)得

$$\delta_{11} X_1 + \Delta_{1p} = 0 \qquad\qquad (3\text{-}1)$$

这就是一次超静定结构的**力法基本方程**,也称为一次超静定结构的**力法典型方程**。

力法方程中的系数 δ_{11} 和自由项 Δ_{1p} 是静定结构在 $\overline{X}_1 = 1$ 和已知荷载作用下的位移,可采用图乘法来计算。绘出基本结构在 $\overline{X}_1 = 1$ 单独作用下的 $\overline{M}_1$ 图,如图 3.6(f)所示,并绘出基本结构在荷载 F 单独作用下的 M_p 图,如图 3.6(g)所示。$\overline{M}_1$ 图自乘得

$$\delta_{11} = \frac{1}{EI} \cdot \frac{1}{2} l^2 \cdot \frac{2}{3} l = \frac{l^3}{3EI}$$

$\overline{M}_1$ 图与 M_p 图互乘得

$$\Delta_{1p} = \frac{1}{EI} \cdot \frac{1}{2} \cdot \frac{1}{2} \cdot \frac{Fl}{2} \cdot \left(-\frac{5}{6} l\right) = -\frac{5Fl^3}{48EI}$$

将 δ_{11} 和 Δ_{1p} 代入式(3-1)得

$$X_1 = \frac{5}{16}F$$

求得多余未知力 X_1 为正值,表明 X_1 的实际方向与假设方向一致。

多余未知力 X_1 求出后,其余的反力和内力计算与悬臂梁一样。在绘制最后弯矩图时,可充分利用已经绘出的 $\overline{M}_1$ 图和 M_p 图,按叠加原理计算,即

$$M = \overline{M}X_1 + M_p$$

计算出各控制截面(如 A 截面)的弯矩值后,就可绘出 M 图,如图 3.6(h)所示。

3.3　力法的典型方程

以上讨论的是一次超静定结构,下面结合图 3.7(a)所示的刚架进一步说明力法的基本原理和力法的典型方程的建立。

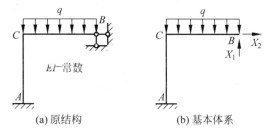

图　3.7

取 B 点两根支座链杆的反力 X_1 和 X_2 为基本未知量,基本体系如图 3.7(b)所示。为了求出 X_1 和 X_2,可利用基本体系在 B 点沿 X_1 和 X_2 方向的位移应与原结构相同的条件,即应等于零。因此可建立位移方程

$$\begin{cases} \Delta_1 = 0 \\ \Delta_2 = 0 \end{cases}$$

式中,Δ_1——基本结构沿 X_1 方向的位移,即 B 点的竖向位移。

Δ_2——基本结构沿 X_2 方向的位移,即 B 点的水平位移。

当 $\overline{X} = 1$ 单独作用时,基本结构沿 X_1、X_2 方向的位移为 δ_{11}、δ_{21},如图 3.8(a)所示;当 $\overline{X}_2 = 1$ 单独作用时,基本结构沿 X_1、X_2 方向的位移为 δ_{12}、δ_{22},如图 3.8(b)所示;当均布荷载 q 单独作用时,基本结构沿 X_1、X_2 方向的位移为 Δ_{1p}、Δ_{2p},如图 3.8(c)所示。根据叠加原理,得

$$\begin{cases} \Delta_1 = \delta_{11}X_1 + \delta_{12}X_2 + \Delta_{1p} \\ \Delta_2 = \delta_{21}X_1 + \delta_{22}X_2 + \Delta_{2p} \end{cases}$$

因此可写为

$$\begin{cases} \delta_{11}X_1 + \delta_{12}X_2 + \Delta_{1p} = 0 \\ \delta_{21}X_1 + \delta_{22}X_2 + \Delta_{2p} = 0 \end{cases} \tag{3-2}$$

这就是二次超静定结构的力法典型方程。联解方程组可求得多余未知力 X_1 和 X_2。

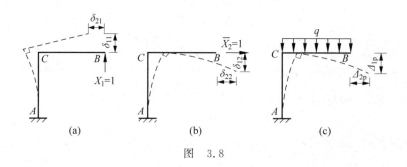

图 3.8

力法的基本结构和基本未知量在同一结构中可以有不同的选取方式，如图 3.7(a)所示的结构可采用图 3.9(a)或图 3.9(b)所示的基本结构。只是 X_1 和 X_2 的实际含义不同，而力法基本方程在形式上与式(3-2)完全相同。值得注意的是，基本结构必须是几何不变的。

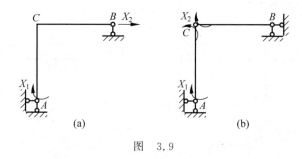

图 3.9

n 次超静定结构其多余未知力有 n 个，对于此种结构仍可按同样的方法建立 n 个力法的基本方程组：

$$
\begin{cases}
\delta_{11}X_1 + \delta_{12}X_2 + \cdots + \delta_{1i}X_i + \cdots + \delta_{1n}X_n + \Delta_{1p} = 0 \\
\delta_{21}X_1 + \delta_{22}X_2 + \cdots + \delta_{2i}X_i + \cdots + \delta_{2n}X_n + \Delta_{2p} = 0 \\
\qquad\qquad\qquad\qquad\vdots \\
\delta_{i1}X_1 + \delta_{i2}X_2 + \cdots + \delta_{ii}X_i + \cdots + \delta_{in}X_n + \Delta_{ip} = 0 \\
\qquad\qquad\qquad\qquad\vdots \\
\delta_{n1}X_1 + \delta_{n2}X_2 + \cdots + \delta_{ni}X_i + \cdots + \delta_{nn}X_n + \Delta_{np} = 0
\end{cases} \tag{3-3}
$$

上述方程组在组成上有一定的规律，不论基本结构如何选取，只要是 n 次超静定结构，它们在荷载作用下的力法方程都与式(3-3)相同，故式(3-3)称为 **n 个未知数的力法典型方程**。

力法典型方程中，δ_{ii} 称为主系数，表示基本结构在 $\overline{X}_i = 1$ 单独作用下引起的沿 X_i 方向的位移，它恒为正值；δ_{in} 称为副系数，表示基本结构在 $\overline{X}_n = 1$ 单独作用下引起的沿 X_i 方向的位移，它可为正、为负或为零；Δ_{ip} 称为自由项，表示基本结构在荷载单独作用下引起的沿 X_i 方向的位移。根据位移互等定理可知副系数 $\delta_{ij} = \delta_{ji}$。而式中所有系数和自由项都是基本结构的位移，它们可按求静定结构位移的方法求得。

由典型方程求出各多余未知力后，再按静定结构的分析方法求出原结构的全部反力和内力。或根据叠加原理

$$
M = \overline{M}_1 X_1 + \overline{M}_2 X_2 + \cdots + \overline{M}_i X_i + \cdots + \overline{M}_n X_n + M_p
$$

求出弯矩并绘制最后弯矩图,再根据平衡条件求剪力和轴力。

3.4 用力法计算超静定梁、刚架与排架

根据前面所述,将用力法计算超静定结构的步骤归纳如下。

(1) 确定结构的超静定次数,选取力法的基本结构。

(2) 建立力法的典型方程。

(3) 求系数和自由项。

(4) 求解多余未知力。

(5) 计算内力并绘制内力图。

下面分别举例说明用力法计算超静定梁、刚架和铰接排架的具体方法。

3.4.1 超静定梁

例 3.1 试用力法计算图 3.10(a)所示连续梁的弯矩,并绘制 M 图。$EI=$ 常数。

解 解题思路:先用力法解算超静定连续梁的步骤计算多余未知力,再根据叠加原理绘制 M 图。

解题过程:

(1) 确定超静定次数,选取基本体系。

此连续梁为一次超静定结构,将 C 支座处梁截面的弯矩作为多余约束力,基本体系如图 3.10(b)所示。

(2) 建立力法的典型方程。

基本体系应满足 C 支座左右两截面相对角位移为零的变形条件。列出力法典型方程为

$$\delta_{11}X_1 + \Delta_{1p} = 0$$

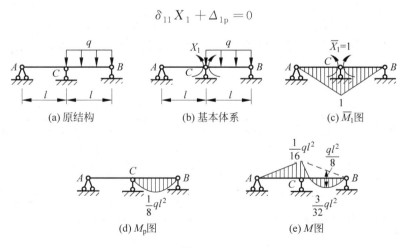

图 3.10

(3) 求系数和自由项。

先绘制基本结构分别在 $\overline{X}_1=1$ 和荷载单独作用下的弯矩图,即 $\overline{M}_1$ 图和 M_p 图,如图 3.10(c)、(d)所示。有

$$\delta_{11} = \frac{2}{EI}\left(\frac{1}{2} \times l \times 1 \times \frac{2}{3} \times 1\right) = \frac{2l}{3EI}$$

$$\Delta_{1p} = \frac{1}{EI}\left(\frac{2}{3} \times \frac{1}{8}ql^2 \times l \times \frac{1}{2} \times 1\right) = \frac{ql^3}{24EI}$$

（4）求解多余未知力。

将系数和自由项代入力法典型方程得

$$16X_1 + ql^2 = 0$$

解得

$$X_1 = -\frac{1}{16}ql^2$$

负值说明实际方向与基本体系上假设的 X_1 方向相反。

（5）计算内力并绘制内力图。

根据弯矩叠加公式 $M = \overline{M}_i X_1 + M_p$ 求内力：

$$M_{AC} = 0$$

$$M_{CA} = 1 \times \left(-\frac{1}{16}ql^2\right) + 0 = -\frac{1}{16}ql^2$$

$$M_{CB} = 1 \times \left(-\frac{1}{16}ql^2\right) + 0 = -\frac{1}{16}ql^2$$

$$M_{BC} = 0$$

根据叠加原理绘制弯矩图，如图 3.10(e)所示。

例 3.2　试绘制图 3.11(a)所示单跨超静定梁的内力图。EI = 常数。

解　解题思路：先用力法解算超静定梁的步骤计算多余未知力，再根据叠加原理绘制内力图。

解题过程：

（1）确定超静定次数，选取基本体系。

此梁为三次超静定结构，去掉 A 端转动约束和 B 端的转动约束及水平移动约束，得如图 3.11(b)所示的基本体系。

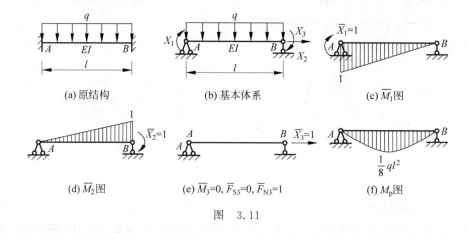

(a) 原结构　　　(b) 基本体系　　　(c) $\overline{M}_1$ 图

(d) $\overline{M}_2$ 图　　　(e) $\overline{M}_3 = 0$, $\overline{F}_{S3} = 0$, $\overline{F}_{N3} = 1$　　　(f) M_p 图

图　3.11

（2）建立力法的典型方程。

基本体系应满足 A 端的转角位移或 B 端的转角位移及水平位移等于零的变形条件。列出力法的典型方程为

$$\begin{cases} \delta_{11}X_1 + \delta_{12}X_2 + \delta_{13}X_3 + \Delta_{1p} = 0 \\ \delta_{21}X_1 + \delta_{22}X_2 + \delta_{23}X_3 + \Delta_{2p} = 0 \\ \delta_{31}X_1 + \delta_{32}X_2 + \delta_{33}X_3 + \Delta_{3p} = 0 \end{cases}$$

（3）求系数和自由项。

先绘制基本结构分别在 $\overline{X}_1 = 1$、$\overline{X}_2 = 1$ 和 $\overline{X}_3 = 1$ 单独作用下的弯矩图，即 $\overline{M}_1$ 图、$\overline{M}_2$ 图和 $\overline{M}_3$ 图，如图 3.11（c）、（d）、（e）所示，以及基本结构在荷载单独作用下的 M_p 图，如图 3.11（f）所示，只考虑弯曲变形的影响。计算如下：

$$\delta_{11} = \frac{1}{EI}\left(\frac{1}{2} \times l \times 1\right) \times \frac{2}{3} \times 1 = \frac{l}{3EI}$$

$$\delta_{22} = \frac{1}{EI}\left(\frac{1}{2} \times l \times 1\right) \times \frac{2}{3} \times 1 = \frac{l}{3EI}$$

$$\delta_{12} = \delta_{21} = -\frac{1}{EI}\left(\frac{1}{2} \times l \times 1\right) \times \frac{1}{3} \times 1 = -\frac{l}{6EI}$$

$$\delta_{33} = \frac{l \times 1^2}{EA} = \frac{l}{EA}$$

$$\delta_{13} = \delta_{31} = 0$$

$$\delta_{23} = \delta_{32} = 0$$

$$\Delta_{1p} = \frac{1}{EI}\left(\frac{2}{3} \times \frac{1}{8}ql^2 \times l\right) \times \frac{1}{2} \times 1 = \frac{ql^3}{24EI}$$

$$\Delta_{2p} = -\frac{1}{EI}\left(\frac{2}{3} \times \frac{1}{8}ql^2 \times l\right) \times \frac{1}{2} \times 1 = -\frac{ql^3}{24EI}$$

$$\Delta_{3p} = 0$$

（4）求解多余未知力。

将系数和自由项代入力法的典型方程，化简后为

$$\begin{cases} 2X_1 - X_2 + \frac{1}{4}ql^2 = 0 \\ -X_1 + 2X_2 - \frac{1}{4}ql^2 = 0 \\ \frac{l}{EA}X_3 = 0 \end{cases}$$

联解方程得

$$X_1 = -\frac{1}{12}ql^2$$

$$X_2 = \frac{1}{12}ql^2$$

$$X_3 = 0$$

这表明两端固定的梁在垂直荷载作用下并不产生水平反力。

（5）计算内力并绘制内力图。

根据弯矩叠加公式 $M = \overline{M}_1 X_1 + \overline{M}_2 X_2 + \overline{M}_3 X_3 + M_p$ 求内力。

$$M_{AB} = 1 \times \left(-\frac{1}{12}ql^2\right) + 0 \times \frac{1}{12}ql^2 + 0 = -\frac{1}{12}ql^2$$

$$M_{BA} = 0 \times \left(-\frac{1}{12}ql^2\right) + (-1) \times \frac{1}{12}ql^2 + 0 = -\frac{1}{12}ql^2$$

将杆两端的弯矩求出后，就用叠加原理绘制 M 图，如图 3.12(a)所示，然后再利用平衡条件绘制 F_S 图，如图 3.12(b)所示。

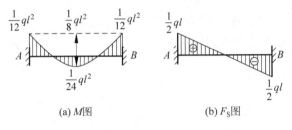

(a) M 图　　　　　(b) F_S 图

图　3.12

从以上结果可以看出：在荷载作用下，多余未知力、内力的大小只与杆件的相对刚度有关，而与其绝对刚度无关。

3.4.2　超静定刚架

在刚架计算中，力法典型方程中的系数和自由项计算一般可忽略剪力和轴力的影响，而只考虑弯矩的影响，这样使计算得到简化。当轴力和剪力影响比较大时，则另作处理。

例 3.3　试绘制图 3.13(a)所示刚架的弯矩图。EI = 常数。

解　解题思路：先用力法解超静定刚架的步骤计算多余未知力，再根据叠加原理绘制 M 图。

解题过程：

（1）确定超静定次数，选取基本体系。

此刚架为一次超静定结构，去掉 D 支座，用相应的多余未知力 X_1 代替，得到基本体系如图 3.13(b)所示。

（2）建立力法的典型方程。

基本体系截面 D 的竖向位移应等于零，因此可列出力法的典型方程为

$$\delta_{11} X_1 + \Delta_{1p} = 0$$

（3）求系数和自由项。

先绘制 $\overline{M}_1$ 图和 M_p 图，如图 3.13(c)、(d)所示。有

$$\delta_{11} = \frac{1}{EI}\left(\frac{1}{2} \times 2 \times 2 \times \frac{2}{3} \times 2 + 2 \times 3 \times 2\right) = \frac{44}{3EI}$$

$$\Delta_{1p} = -\frac{1}{EI}\left[\frac{1}{2} \times (60 + 120) \times 3 \times 2\right] = -\frac{540}{EI}$$

（4）求解多余未知力。

将 δ_{11}、Δ_{1p} 代入典型方程有

$$\frac{44}{3EI}X_1 - \frac{540}{EI} = 0$$

解方程得

$$X_1 = 36.8\text{kN}$$

正值说明实际方向与基本体系上假设的 X_1 方向相同，即竖直向上。

（5）绘制最后弯矩图。

各杆端弯矩按 $M = \overline{M}_1 X_1 + M_p$ 计算，得

$$M_{AB} = (2 \times 36.8 - 120)\text{kN} \cdot \text{m} = -46.4\text{kN} \cdot \text{m（左侧受拉）}$$

$$M_{BA} = (2 \times 36.8 - 60)\text{kN} \cdot \text{m} = 13.6\text{kN} \cdot \text{m（右侧受拉）}$$

$$M_{BC} = (0 \times 36.8 - 60)\text{kN} \cdot \text{m} = -60\text{kN} \cdot \text{m（左侧受拉）}$$

$$M_{CB} = 0$$

$$M_{BD} = 2 \times 36.8\text{kN} \cdot \text{m} = 73.6\text{kN} \cdot \text{m（下侧受拉）}$$

$$M_{DB} = 0$$

绘制最后弯矩图如图 3.13（e）所示。

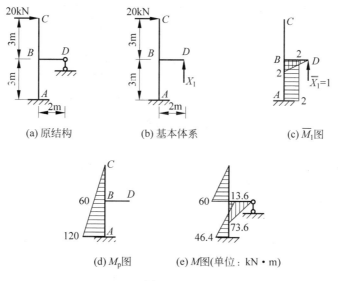

(a) 原结构   (b) 基本体系   (c) $\overline{M}_1$图

(d) M_p图   (e) M图（单位：kN·m）

图 3.13

例 3.4 试绘制如图 3.14（a）所示刚架的内力图。

解 解题思路：先用力法解算超静定刚架的步骤计算多余未知力，再根据叠加原理绘制内力图。

解题过程：

（1）确定超静定次数，选取基本体系。

此刚架为二次超静定结构，解除支座 B 处的约束，用多余未知力 X_1 和 X_2 代替，得到基本体系如图 3.14（b）所示。

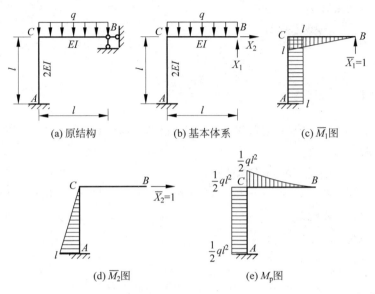

图　3.14

（2）建立力法的典型方程。

根据原结构 B 支座的水平和竖向位移均为零的条件，可建立力法的典型方程为

$$\begin{cases} \delta_{11}X_1 + \delta_{12}X_2 + \Delta_{1p} = 0 \\ \delta_{21}X_1 + \delta_{22}X_2 + \Delta_{2p} = 0 \end{cases}$$

（3）求系数和自由项。

先绘出基本结构分别在 $\overline{X}_1 = 1$，$\overline{X}_2 = 1$ 和荷载单独作用下的弯矩图，如图 3.14（c）、（d）、（e）所示。然后利用图乘法求各系数和自由项为

$$\delta_{11} = \frac{1}{EI}\left(\frac{1}{2}l^2 \times \frac{2}{3}l\right) + \frac{1}{2EI}(l^2 \times l) = \frac{5l^3}{6EI}$$

$$\delta_{22} = \frac{1}{2EI}\left(\frac{1}{2}l^2 \times \frac{2}{3}l\right) = \frac{l^3}{6EI}$$

$$\delta_{12} = \delta_{21} = -\frac{1}{2EI}\left(\frac{1}{2}l^2 \times l\right) = -\frac{l^3}{4EI}$$

$$\Delta_{1p} = -\frac{1}{EI}\left(\frac{1}{3} \times \frac{1}{2}ql^2 \times l \times \frac{3}{4}l\right) - \frac{1}{2EI}\left(\frac{1}{2}ql^2 \times l \times l\right) = -\frac{3ql^4}{8EI}$$

$$\Delta_{2p} = \frac{1}{2EI}\left(\frac{1}{2}ql^2 \times l \times \frac{1}{2}l\right) = \frac{ql^4}{8EI}$$

（4）求解多余未知力。

将系数和自由项代入力法的典型方程，化简后得

$$\begin{cases} \dfrac{5}{6}X_1 - \dfrac{1}{4}X_2 - \dfrac{3}{8}ql = 0 \\ -\dfrac{1}{4}X_1 + \dfrac{1}{6}X_2 + \dfrac{1}{8}ql = 0 \end{cases}$$

联解方程得

$$X_1 = \frac{9}{22}ql$$

$$X_2 = -\frac{3}{22}ql$$

（5）计算内力并绘制内力图。

根据叠加公式 $M = \overline{M}_1 X_1 + \overline{M}_2 X_2 + M_p$ 来计算弯矩，可绘制如图 3.15(a) 所示的弯矩图；再利用平衡条件可绘出如图 3.15(b)、(c) 所示的剪力图和轴力图。

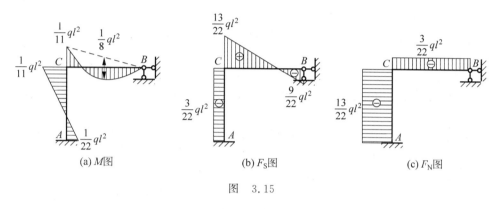

图 3.15

3.4.3 铰结排架

单层厂房常采用排架结构，它由屋架（或屋面大梁）、柱和基础组成，如图 3.16(a) 所示。柱与基础为刚结，屋架与柱则简化为铰结。当排架柱上受力，进行排架内力计算时，由于屋架刚度很大，通常将其视为轴向拉压刚度 EA 为无穷大的杆件。计算简图如图 3.16(b) 所示。

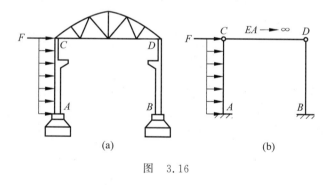

图 3.16

由于 EA 趋于无穷大，所以常忽略横梁的轴向变形。用力法计算排架时，一般将横梁作为多余约束切断，用多余未知力代替，利用切口两侧相对位移为零的条件建立力法方程。

例 3.5 试用力法计算图 3.17(a) 所示排架，并绘制弯矩图。

解 解题思路：先用力法解算铰结排架的步骤计算多余未知力，再根据叠加原理绘制 M 图。

解题过程：

（1）确定超静定次数，选取基本体系。

该排架为一次超静定结构，切断杆件 CD 并代之以相应多余约束力 X_1，得基本体系如

图 3.17(b)所示。

（2）建立力法的典型方程。

$$\delta_{11}X_1 + \Delta_{1p} = 0$$

（3）求系数和自由项。

先绘制 $\overline{X}_1 = 1$ 和荷载单独作用下的 $\overline{M}_1$ 和 M_p 图如图 3.17(c)、(d)所示。有

$$\delta_{11} = \frac{2}{EI}\left(\frac{1}{2} \times 3 \times 3 \times \frac{2}{3} \times 3\right) +$$

$$\frac{2}{6EI}\left[\frac{1}{2} \times 6 \times 3 \times \left(\frac{2}{3} \times 3 + \frac{1}{3} \times 9\right) + \frac{1}{2} \times 6 \times 9 \times \left(\frac{1}{3} \times 3 + \frac{2}{3} \times 9\right)\right]$$

$$= \frac{96}{EI}$$

$$\Delta_{1p} = \frac{1}{EI} \times \frac{1}{2} \times 1 \times 10 \times \left(\frac{2}{3} \times 3 + \frac{1}{3} \times 2\right) +$$

$$\frac{1}{6EI}\left[\frac{1}{2} \times 6 \times 10 \times \left(\frac{2}{3} \times 3 + \frac{1}{3} \times 9\right) + \frac{1}{2} \times 6 \times 70 \times \left(\frac{1}{3} \times 3 + \frac{2}{3} \times 9\right)\right]$$

$$= \frac{850}{3EI}$$

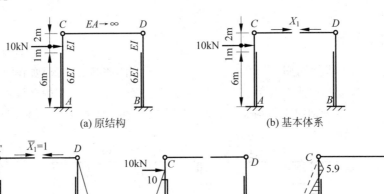

(a) 原结构　　　　　　　　(b) 基本体系

(c) $\overline{M}_1$图　　　(d) M_p图(单位：kN·m)　　　(e) M图(单位：kN·m)

图　3.17

（4）求解多余未知力。

将 δ_{11}、Δ_{1p} 代入力法的典型方程得

$$96X_1 + \frac{850}{3} = 0$$

解方程得

$$X_1 \approx -2.95\text{kN}$$

（5）绘制 M 图。

利用叠加公式 $M = \overline{M}_1 X_1 + M_p$ 绘制弯矩图，如图 3.17(e)所示。

3.5 用力法计算超静定桁架和组合结构

3.5.1 超静定桁架

由于理想桁架的各杆只产生轴力,用力法计算超静定桁架时,其计算原理和计算步骤与刚架是相同的,只是方程中的系数和自由项按下式计算:

$$\begin{cases} \delta_{ii} = \sum \dfrac{\bar{F}_{Ni}^2 l}{EA} \\[2mm] \delta_{ij} = \sum \dfrac{\bar{F}_{Ni} \bar{F}_{Nj} l}{EA} \\[2mm] \Delta_{ip} = \sum \dfrac{\bar{F}_{Ni} F_{Np} l}{EA} \end{cases} \tag{3-4}$$

桁架各杆的最后内力可按下式进行叠加:

$$F_N = \bar{F}_{Ni} X_1 + \bar{F}_{N2} X_2 + \cdots + \bar{F}_{Nn} X_n + F_{Np} \tag{3-5}$$

例 3.6 试用力法计算图 3.18(a)所示桁架的内力。EA 为常数。

解 解题思路:先用力法解桁架的步骤计算多余未知力,再根据叠加原理计算内力。

解题过程:

(1)确定超静定次数,选取基本体系。

此桁架为一次超静定结构,将杆 24 切断用 X_1 代替,基本体系如图 3.18(b)所示。

(2)建立力法的典型方程。

根据杆 24 切口处两侧截面的相对位移等于零的条件,可建立力法的典型方程为

$$\delta_{11} X_1 + \Delta_{1p} = 0$$

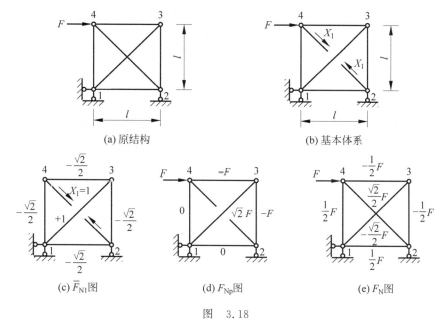

图 3.18

（3）求系数和自由项。

分别计算桁架基本结构在 $\overline{X}_1 = 1$ 和荷载作用下的轴力，并作 $\overline{F}_{N1}$ 图和 F_{Np} 图，如图 3.18(c)、(d)所示，计算系数和自由项为

$$\delta_{11} = \frac{1}{EA}\left[\left(-\frac{\sqrt{2}}{2}\right)^2 \times l \times 4 + 1^2 \times \sqrt{2}\, l \times 2\right] = \frac{2(1+\sqrt{2})l}{EA}$$

$$\Delta_{1p} = \frac{1}{EA}\left[\left(-\frac{\sqrt{2}}{2}\right)(-F) \times l \times 2 + 1 \times \sqrt{2}F \times \sqrt{2}\, l\right] = \frac{(\sqrt{2}+2)Fl}{EA}$$

（4）求解多余未知力。

将 δ_{11}、Δ_{1p} 代入典型方程得

$$X_1 = -\frac{\Delta_{1p}}{\delta_{11}} = \frac{-(\sqrt{2}+2)Fl}{EA} \times \frac{EA}{2(1+\sqrt{2})l} = -\frac{\sqrt{2}}{2}F$$

（5）计算内力。

根据叠加原理有 $F_N = \overline{F}_{N1}X_1 + F_{Np}$，求得各杆轴力如图 3.18(e)所示。

3.5.2　超静定组合结构

为了节省材料和制造方便，在工程中常采用超静定组合结构，如屋架、吊车梁等。这种结构有一部分杆件主要承受弯矩，另一部分杆件只承受轴力。下面介绍力法计算超静定组合结构的步骤。

例 3.7　试用力法计算图 3.19(a)所示超静定组合结构的内力并绘制内力图。其中梁式杆 AB 的刚度为 $EI = 2 \times 10^4 \, \mathrm{kN \cdot m^2}$；杆件 AD、BD 的刚度为 $EA = 2.5 \times 10^5 \, \mathrm{kN}$；杆件 CD 的刚度为 $EA = 5 \times 10^5 \, \mathrm{kN}$。

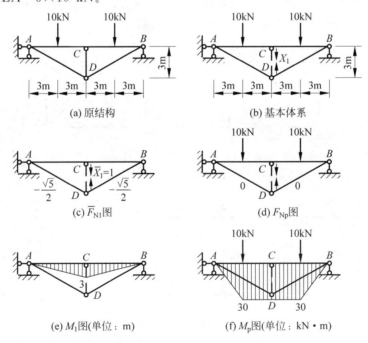

图　3.19

解 解题思路：先用力法解算超静定组合结构的步骤计算多余未知力，再根据叠加原理，分为梁式杆与链杆求内力和绘制内力图。

解题过程：

（1）确定超静定次数，选取基本体系。

此组合结构为一次超静定结构，切断 CD 杆并用多余未知力 X_1 代替，得基本体系如图 3.19（b）所示。

（2）建立力法的典型方程。

根据切口处两侧截面轴向相对位移为零的条件，建立力法的典型方程为

$$\delta_{11}X_1 + \Delta_{1p} = 0$$

（3）求系数和自由项。

绘出基本结构在 $\overline{X}_1 = 1$ 和荷载单独作用下的轴力图如图 3.19（c）、（d）所示，弯矩图如图 3.19（e）、（f）所示。

$$\delta_{11} = \int \frac{\overline{M}_1^2}{EI}\mathrm{d}x + \sum \frac{\overline{F}_{N1}^2 l}{EA}$$

$$= \left[\frac{1}{2 \times 10^4} \times \left(\frac{1}{2} \times 3 \times 6 \times \frac{2}{3} \times 3 \right) \times 2 + \frac{1}{2.5 \times 10^5} \times \left(-\frac{\sqrt{5}}{2} \right)^2 \times \right.$$

$$\left. 3\sqrt{5} \times 2 + \frac{1}{5 \times 10^5} \times 1^2 \times 3 \right] \mathrm{kN \cdot m}$$

$$= 18.73 \times 10^{-4} \mathrm{kN \cdot m}$$

$$\Delta_{1p} = \int \frac{\overline{M}_1 M_p}{EI}\mathrm{d}x + \sum \frac{\overline{F}_{N1} F_{Np} l}{EA}$$

$$= \left\{ \frac{2}{2 \times 10^4} \left[\frac{1}{2} \times 3 \times 1.5 \times \frac{2}{3} \times 30 + \frac{1}{2}(1.5 + 3) \times 3 \times 30 \right] + 0 \right\} \mathrm{m}$$

$$= 247.5 \times 10^{-4} \mathrm{m}$$

（4）求解多余未知力。

将 δ_{11}、Δ_{1p} 代入力法的典型方程得

$$X_1 = -13.21 \mathrm{kN}$$

（5）求内力。

根据叠加公式 $M = \overline{M}_1 X_1 + M_p$，$F_N = \overline{F}_{N1} X_1 + F_{Np}$ 即可求内力，如图 3.20（a）所示为最后弯矩图，图 3.20（b）所示为各链杆的轴力。

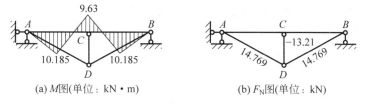

(a) M图(单位：kN·m)   (b) F_N图(单位：kN)

图 3.20

从上述分析可以看出,M 值比 M_p 值小,这说明横梁下部的链杆对梁起加劲作用。

3.6 用力法计算超静定拱

拱式结构是土木工程中广泛应用的一种结构形式,前面学习了静定三铰拱的内力计算方法。两铰拱和无铰拱属于超静定拱。下面只介绍两铰拱的计算方法。

两铰拱分带拉杆和不带拉杆两种形式,如图 3.21(a)、(b)所示。下面分别讨论它们的计算特点。

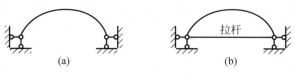

图　3.21

3.6.1 无拉杆的两铰拱

如图 3.22(a)所示的两铰拱是一次超静定结构,去掉多余约束 B 支座的水平链杆,并用多余未知力 X_1 代替,基本体系如图 3.22(b)所示。

根据原结构中 B 处的水平位移为零的条件,建立力法的典型方程为

$$\delta_{11}X_1 + \Delta_{1p} = 0$$

由于拱是曲杆,因此计算系数和自由项时不能采用图乘法,而需要用积分法计算。计算 Δ_{1p} 时一般只考虑弯曲变形;计算 δ_{11} 时,对较平的扁拱除了要考虑弯曲变形外还要考虑轴向变形。因此有

$$\begin{cases} \delta_{11} = \int \dfrac{\overline{M}_1^2 \, \mathrm{d}s}{EI} + \int \dfrac{\overline{F}_{N1}^2 \, \mathrm{d}s}{EA} \\ \Delta_{1p} = \int \dfrac{\overline{M}_1 M_p \, \mathrm{d}s}{EI} \end{cases} \qquad (a)$$

基本结构在 $\overline{X}_1 = 1$ 的单独作用下,如图 3.22(c)所示,所引起任意截面 K 的弯矩和轴力分别表示为

$$\begin{cases} \overline{M} = -y \\ \overline{F}_{N1} = \cos\varphi \end{cases} \qquad (b)$$

式(b)中弯矩以使拱内侧纤维受拉为正,轴力以使拱轴受压为正。

将式(b)代入式(a)得

$$\delta_{11} = \int \frac{y^2 \, \mathrm{d}s}{EI} + \int \frac{\cos^2 \varphi \, \mathrm{d}s}{EA}$$

$$\Delta_{1p} = -\int \frac{y M_p \, \mathrm{d}s}{EI}$$

于是有

$$X_1 = -\frac{\Delta_{1\mathrm{p}}}{\delta_{11}} = \frac{\displaystyle\int \frac{yM_{\mathrm{p}}\mathrm{d}s}{EI}}{\displaystyle\int \frac{y^2\mathrm{d}s}{EI} + \int \frac{\cos^2\varphi\mathrm{d}s}{EA}} \tag{c}$$

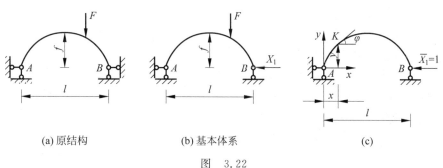

(a) 原结构　　　　(b) 基本体系　　　　　(c)

图　3.22

在竖向荷载作用下,多余未知力 X_1(即水平推力 H)由式(c)求得后,则拱上任一截面 K 的内力可按三铰拱中相应的公式计算,则

$$\begin{cases} M_K = M_K^0 - Hy_K \\ F_{\mathrm{S}K} = F_{\mathrm{S}K}^0 \cos\varphi_K - H\sin\varphi_K \\ F_{\mathrm{N}K} = F_{\mathrm{S}K}^0 \sin\varphi_K + H\cos\varphi_K \end{cases} \tag{d}$$

例 3.8　试计算图 3.23(a)所示等截面两铰拱的水平推力。已知拱轴线方程为 $y = \frac{4f}{l^2}x(l-x)$,$E = 192 \times 10^6\,\mathrm{kN/m^2}$,$I = 1\,843 \times 10^{-6}\,\mathrm{m^4}$,$A = 384 \times 10^{-3}\,\mathrm{m^2}$。

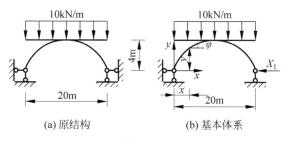

(a) 原结构　　　　　　(b) 基本体系

图　3.23

解　解题思路:先取基本体系,再列力法方程,用解无拉杆两铰拱的步骤计算多余未知力(即水平推力)。

解题过程:

(1) 确定超静定次数,选取基本体系。

两铰拱为一次超静定结构,基本体系如图 3.23(b)所示。

(2) 建立力法的典型方程。

$$\delta_{11}X_1 + \Delta_{1\mathrm{p}} = 0$$

(3) 计算系数和自由项。

由于拱比较扁平,可近似地取 $\mathrm{d}s = \mathrm{d}x$,$\cos\varphi = 1$。因此系数和自由项为

$$\delta_{11} = \frac{1}{EI}\int_0^l y^2 \mathrm{d}x + \frac{1}{EA}\int_0^l \mathrm{d}x$$

$$= \frac{1}{EI}\int_0^l \left[\frac{4f}{l^2}x(l-x)\right]^2 \mathrm{d}x + \frac{1}{EA}\int_0^l \mathrm{d}x$$

$$= \frac{8f^2 l}{15EI} + \frac{l}{EA}$$

$$= \left(\frac{8 \times 4^2 \times 20}{15 \times 192 \times 10^6 \times 1\,843 \times 10^{-6}} + \frac{20}{192 \times 10^6 \times 384 \times 10^{-3}}\right) \mathrm{kN \cdot m}$$

$$= 4\,825.77 \times 10^{-7}\,\mathrm{kN \cdot m}$$

M_p 应该在相应简支梁上取，与三铰拱的求法一样，即

$$M_p = M_p^0 = \frac{ql}{2}x - \frac{q}{2}x^2$$

$$\Delta_{1p} = -\int_0^l \frac{yM_p}{EI}\mathrm{d}x$$

$$= -\frac{1}{EI}\int_0^l \left[\frac{4f}{l^2}x(l-x)\right]\left(\frac{ql}{2}x - \frac{q}{2}x^2\right)\mathrm{d}x$$

$$= -\frac{fql^3}{15EI}$$

$$= -\frac{4 \times 10 \times 20^3}{15 \times 192 \times 10^6 \times 1\,843 \times 10^{-6}}\,\mathrm{m}$$

$$= -602.88 \times 10^{-4}\,\mathrm{m}$$

（4）求多余的未知力 X_1。

将 δ_{11}、Δ_{1p} 代入力法的典型方程得

$$X_1 = -\frac{\Delta_{1p}}{\delta_{11}} = 124.93\mathrm{kN}$$

因此两铰拱的水平推力为 142.93kN。

3.6.2　带拉杆的两铰拱

在工程结构中，为了不使两铰拱的水平推力传给下部支承结构，通常采用具有拉杆的两铰拱。如图 3.24(a)所示带拉杆的两铰拱是一次超静定结构，切断拉杆并用多余未知力 X_1 代替，得基本体系如图 3.24(b)所示。

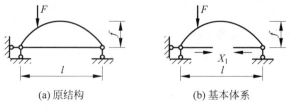

(a) 原结构　　　　　　　　　(b) 基本体系

图　3.24

根据拉杆切口两侧相对水平位移为零的条件，建立力法的典型方程为

$$\delta_{11}X_1 + \Delta_{1p} = 0$$

自由项 Δ_{1p} 的计算与无拉杆两铰拱的计算相同，只是计算系数 δ_{11} 时，除考虑拱的弯曲和轴向变形外，还需要考虑拉杆的轴向变形，因此

$$\begin{cases} \delta_{11} = \int \dfrac{\overline{M}_1^2 \mathrm{d}s}{EI} + \int \dfrac{\overline{F}_{N1}^2 \mathrm{d}s}{EA} + \dfrac{l}{E_1 A_1} \\ \Delta_{1p} = \int \dfrac{\overline{M}_1 M_p \mathrm{d}s}{EI} \end{cases} \tag{e}$$

式中，E_1 和 A_1 分别表示拉杆的弹性模量和横截面面积。

拱的任意截面上的弯矩和轴力表达式与式(b)一样，将式(b)代入式(e)得

$$\delta_{11} = \int \frac{y^2 \mathrm{d}s}{EI} + \int \frac{\cos^2 \varphi \mathrm{d}s}{EA} + \frac{l}{E_1 A_1}$$

$$\Delta_{1p} = -\int \frac{y M_p \mathrm{d}s}{EI}$$

将 δ_{11}、Δ_{1p} 代入力法的典型方程，解出多余未知力 X_1，即拉杆的拉力为

$$X_1 = -\frac{\Delta_{1p}}{\delta_{11}} = \frac{\displaystyle\int \frac{y M_p \mathrm{d}s}{EI}}{\displaystyle\int \frac{y^2 \mathrm{d}s}{EI} + \int \frac{\cos^2 \varphi \mathrm{d}s}{EA} + \frac{l}{E_1 A_1}} \tag{f}$$

由式(f)可知，当拉杆的刚度很大时 $\left(E_1 A_1 \to \infty, \dfrac{l}{E_1 A_1} \to 0\right)$，则两种形式的两铰拱计算公式完全相同，水平推力基本相等，因而受力状态也基本相同；若拉杆的刚度很小 $\left(E_1 A_1 \to 0, \dfrac{l}{E_1 A_1} \to \infty\right)$，则拱的水平推力为零，这样拱就失去了它原有的特征，对拱的受力状态就很不利。因此在设计带拉杆的拱结构时要考虑改善拱的受力状态，则应适当设计拉杆的刚度。

带拉杆的两铰拱，其上任一截面内力的计算与无拉杆的两铰拱计算一样。拉杆的拉力相当于水平推力，因此也可用式(d)计算带拉杆两铰拱的内力。

3.7　结构对称性的利用

在工程中很多结构是对称的。所谓**对称结构**须满足两方面要求：①结构的几何形状和支承情况关于某一轴线对称；②杆件截面和材料性质也关于此轴线对称。如图 3.25(a)所示结构为对称结构，而图 3.25(b)、(c)所示结构则不属于对称结构。利用结构的对称性，恰当地选取基本结构，使力法典型方程中尽可能多的副系数等于零，从而使计算工作大为简化，这就是工程设计中常用的一种简化计算方法。

3.7.1　选取对称未知力

计算对称的超静定结构时，应当将多余未知力选取为正对称和反对称。如图 3.26(a)所示刚架为三次超静定的对称结构，可沿对称轴截断横梁，在截口处有三个多余未知力，

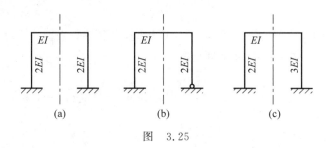

图   3.25

X_1、X_2 是正对称的,X_3 是反对称的,如图 3.26(b)所示。分别在 $\overline{X}_1=1$ 和 $\overline{X}_2=1$ 单独作用下的单位弯矩图 $\overline{M}_1$ 和 $\overline{M}_2$ 是正对称的,如图 3.26(c)、(d)所示。而 $\overline{X}_3=1$ 单独作用下的单位弯矩图 $\overline{M}_3$ 是反对称的,如图 3.26(e)所示。对这些图形用图乘法来计算系数时,正对称图形与反对称图形相乘得到的系数肯定为零。即

$$\delta_{13}=\delta_{31}=0$$
$$\delta_{23}=\delta_{32}=0$$

因此,典型方程可由原来的

$$\delta_{11}X_1+\delta_{12}X_2+\delta_{13}X_3+\Delta_{1p}=0$$
$$\delta_{21}X_1+\delta_{22}X_2+\delta_{23}X_3+\Delta_{2p}=0$$
$$\delta_{31}X_1+\delta_{32}X_2+\delta_{33}X_3+\Delta_{3p}=0$$

简化为

$$\delta_{11}X_1+\delta_{12}X_2+\Delta_{1p}=0$$
$$\delta_{21}X_1+\delta_{22}X_2+\Delta_{2p}=0$$
$$\delta_{33}X_3+\Delta_{3p}=0$$

可见由原来解三元一次方程组的问题变成解二元一次方程组和解一元一次方程的问题,另外要计算的副系数也减少了,因而达到了简化计算的目的。

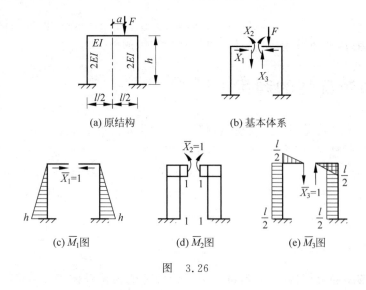

(a) 原结构   (b) 基本体系

(c) $\overline{M}_1$图   (d) $\overline{M}_2$图   (e) $\overline{M}_3$图

图   3.26

3.7.2 选取对称荷载

任何荷载都可分解为正对称荷载和反对称荷载两部分。如果将作用在对称结构上的荷载(见图 3.26(a))分解成正对称和反对称两种情况(见图 3.27(a)、(b)),则计算还可以进一步简化。

在正对称荷载作用下的荷载弯矩图 M_p 是正对称的,如图 3.28(a)所示。由于 $\overline{M}_3$ 图是反对称的,因此

$$\Delta_{3p} = 0$$

于是有

$$\delta_{33} X_3 + 0 = 0$$

$$X_3 = 0$$

由此可得出结论:**对称结构在正对称荷载作用下,只有正对称的多余未知力存在,而反对称的多余未知力必为零。**

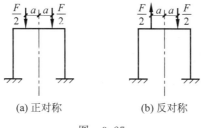

(a) 正对称　　　　(b) 反对称

图　3.27

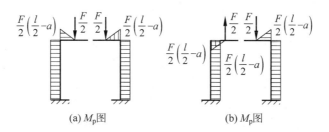

(a) M_p图　　　　(b) M_p图

图　3.28

在反对称荷载作用下的荷载弯矩图 M_p 是反对称的,如图 3.28(b)所示。而 $\overline{M}_1$ 图和 $\overline{M}_2$ 图是正对称的,因此

$$\Delta_{1p} = 0$$

$$\Delta_{2p} = 0$$

于是有

$$\delta_{11} X_1 + \delta_{12} X_2 + 0 = 0$$

$$\delta_{21} X_1 + \delta_{22} X_2 + 0 = 0$$

则

$$X_1 = 0$$

$$X_2 = 0$$

由此可得出结论:**对称结构在反对称荷载作用下,只有反对称的多余未知力存在,而正对称的多余未知力必为零。**

当对称结构承受一般非对称荷载时,可以将荷载分解为正、反对称的两组,将它们分别作用于结构上求解,然后将计算结果叠加。也可直接按非对称荷载进行计算。两种情况各有取舍,可视具体情况来选用。

例 3.9 利用结构的对称性绘制图 3.29(a)所示刚架的弯矩图。各杆的 $EI =$ 常数。

解 解题思路:先用力法解超静定对称结构的步骤计算多余未知力,再根据叠加原理绘制 M 图。

解题过程:此刚架为三次超静定结构,荷载是非对称的,将荷载分解成正对称荷载和反对称荷载,如图 3.29(b)、(c)所示。在正对称荷载作用下,如果忽略横梁的轴向变形,则只有横梁受到压力 F,而其他杆件无内力。因此求图 3.29(a)所示刚架的弯矩图,转化为只求图 3.29(c)所示的弯矩图即可。

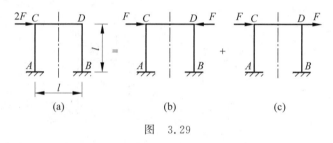

图 3.29

(1)选取基本体系。

截断横梁对称轴处截面,由对称性可知,截面上正对称的多余未知力为零,因此只需计算反对称的多余未知力 X_1,基本体系如图 3.30(a)所示。

(2)建立力法的典型方程。

根据截口两侧截面相对位移为零的条件,建立力法的典型方程为

$$\delta_{11}X_1 + \Delta_{1p} = 0$$

(3)求系数和自由项。

绘制 $\overline{X} = 1$ 和荷载单独作用下的 $\overline{M}_1$ 图和 M_p 图,如图 3.30(b)、(c)所示。再用图乘法求得系数和自由项为

$$\delta_{11} = \frac{2}{EI}\left(\frac{1}{2} \times \frac{l}{2} \times \frac{l}{2} \times \frac{2}{3} \times \frac{l}{2} + \frac{1}{2} \times l \times \frac{l}{2}\right) = \frac{7l^3}{12EI}$$

$$\Delta_{1p} = \frac{2}{EI}\left(\frac{1}{2} \times l \times Fl \times \frac{l}{2}\right) = \frac{Fl^3}{2EI}$$

(4)求多余未知力 X_1。

将 δ_{11}、Δ_{1p} 代入力法的典型方程得

$$X_1 = -\frac{\Delta_{1p}}{\delta_{11}} = -\frac{6}{7}F$$

(5)绘制 M 图。

根据叠加公式 $M = \overline{M}_1 X_1 + M_p$ 计算弯矩并绘制 M 图,如图 3.30(d)所示。

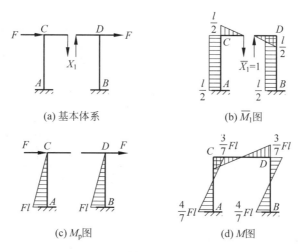

(a) 基本体系   (b) $\overline{M}_1$图

(c) M_p图   (d) M图

图　3.30

3.8　单跨超静定梁的杆端力计算

在后面的位移法和力矩分配法计算中,需用到单跨超静定梁在荷载作用下及杆端发生位移时的杆端力。

与刚架一样,单跨静定梁的杆端力也有两个脚标,第一个脚标表示杆端力所属截面,第二个脚标表示该截面所属杆件的另一端。例如 M_{AB} 表示 AB 杆 A 端截面的弯矩,M_{BA} 则表示 AB 杆 B 端截面的弯矩。

单跨超静定梁的杆端力由力法求得。下面以一端固定一端铰支的单跨超静定梁为例进行说明。

3.8.1　由杆端转角位移引起的杆端力

如图 3.31(a)所示为一端固定一端铰支的等截面单跨超静定梁,固定端 A 顺时针转动一角度 φ_A,现计算其杆端力。

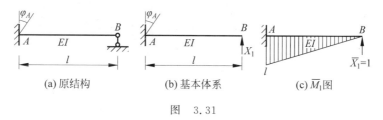

(a) 原结构   (b) 基本体系   (c) $\overline{M}_1$图

图　3.31

解除多余约束支座 B,并用多余未知力 $\boldsymbol{X}_1$ 代替,得到图 3.31(b)所示的基本体系。根据原结构中 B 点竖向位移为零的条件,建立力法的典型方程为

$$\delta_{11} X_1 + \Delta_{1C} = 0$$

式中,Δ_{1C} 表示支座 A 转动 φ_A 后,B 点沿 X_1 方向的竖向位移,可按式(2-13)计算:

$$\Delta_{1C} = -\sum \overline{F}_R c = -(l \times \varphi_A) = -l\varphi_A$$

绘制单位弯矩图 $\overline{M}_1$ 如图 3.31(c)所示,因此系数为

$$\delta_{11} = \frac{1}{EI}\left(\frac{1}{2} \times l \times l \times \frac{2}{3}l\right) = \frac{l^3}{3EI}$$

将系数和自由项代入典型方程得

$$\frac{l^3}{3EI}X_1 - l\varphi_A = 0$$

解得

$$X_1 = \frac{3EI}{l^2}\varphi_A$$

由静力平衡条件得

$$M_{BA} = 0, \quad F_{SBA} = -\frac{3EI}{l^2}\varphi_A$$

$$M_{AB} = \frac{3EI}{l}\varphi_A, \quad F_{SAB} = -\frac{3EI}{l^2}\varphi_A$$

这就是一端固定一端铰支的单跨超静定梁 AB 由杆端转角位移引起的杆端力。

3.8.2 由杆端两侧相对线位移引起的杆端力

如图 3.32(a)所示为一端固定一端铰支的等截面单跨超静定梁,在垂直于梁轴方向两支座发生相对线位移 Δ_{AB}。这种情况可看作支座 A 向上发生竖向位移 Δ_{AB} 或支座 B 向下发生竖向位移 Δ_{AB}。现用力法计算其杆端力。

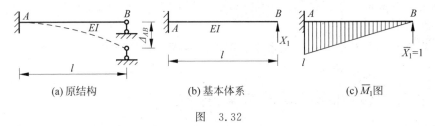

(a) 原结构   (b) 基本体系   (c) $\overline{M}_1$图

图   3.32

解除多余约束支座 B,用多余未知力 X_1 代替,得到图 3.32(b)所示的基本体系。根据 B 点的竖向相对位移为 Δ_{AB} 的条件,建立力法方程为

$$\delta_{11}X_1 = -\Delta_{AB}$$

绘制单位弯矩 $\overline{M}_1$ 图如图 3.32(c)所示,因此系数为

$$\delta_{11} = \frac{1}{EI}\left(\frac{l}{2} \times l \times \frac{2}{3}l\right) = \frac{l^3}{3EI}$$

解得

$$X_1 = -\frac{\Delta_{AB}}{\delta_{11}} = -\frac{3EI}{l^3}\Delta_{AB}$$

由静力平衡条件得

$$M_{BA} = 0, \quad F_{SBA} = \frac{3EI}{l^3}\Delta_{AB}$$

$$M_{AB} = -\frac{3EI}{l^2}\Delta_{AB}, \quad F_{SAB} = \frac{3EI}{l^3}\Delta_{AB}$$

这就是一端固定一端铰支的单跨超静定梁 AB 由杆端两侧相对线位移引起的杆端力。

复习思考题

1. 试描述静定结构与超静定结构的主要区别。

2. 如何确定超静定次数？

3. 试为图 3.33 所示连续梁选取计算最为简便的力法基本体系，$EI =$ 常数。

4. 如何建立力法的典型方程？系数和自由项的含义是什么？为什么典型方程中主系数一定是大于零的正值，而副系数和自由项的值可正、可负、可为零？

5. 用力法计算超静定结构的一般步骤是什么？

6. 为什么在荷载作用下超静定结构的内力状态只与各杆刚度的相对值有关，而与其对值无关？

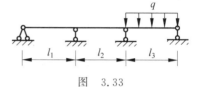

图　3.33

7. 试比较用力法计算超静定梁、刚架、排架、桁架及组合结构的异同。

8. 简述带拉杆与不带拉杆的两铰拱的计算特点。

9. 何谓对称结构？怎样利用对称性简化力法计算？

10. 计算单跨超静定梁的杆端力有什么作用？

练习题

1. 确定图 3.34 所示结构的超静定次数。

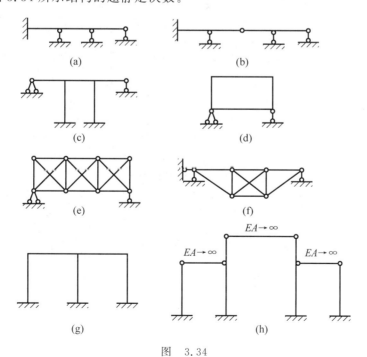

图　3.34

2. 试用力法计算图 3.35 所示的超静定梁,并绘制弯矩图。

3. 试用力法计算图 3.36 所示超静定刚架,并绘制弯矩图。

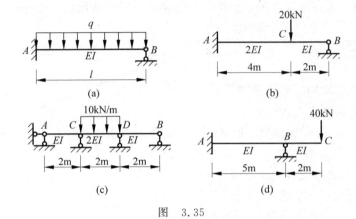

图   3.35

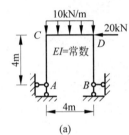

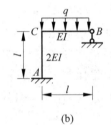

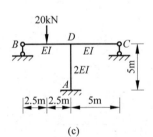

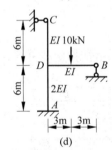

图   3.36

4. 试用力法计算图 3.37 所示排架,并绘制弯矩图。

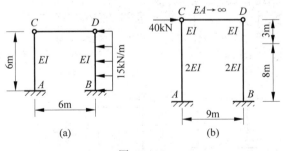

图   3.37

5. 试用力法计算图 3.38 所示桁架。$EA=$ 常数。

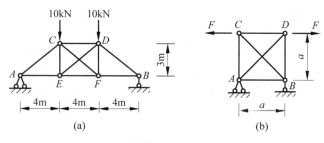

图　3.38

6. 计算图 3.39 所示组合结构。已知 $EA=15\times10^4\,\text{kN},EI=1\times10^4\,\text{kN}\cdot\text{m}^2$。

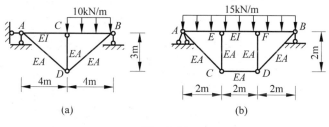

图　3.39

7. 用力法计算图 3.40 所示超静定拱的水平推力或拉杆的拉力,其中图 3.40(b)的拱轴线方程为 $y=\dfrac{4f}{l^2}x(l-x)$。

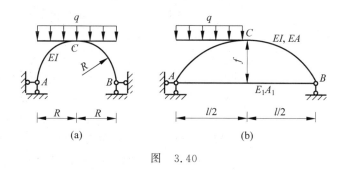

图　3.40

8. 利用对称性计算图 3.41 所示结构,并绘制弯矩图。

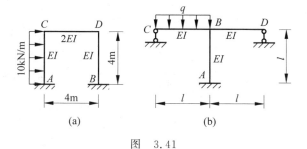

图　3.41

练习题参考答案

1. (a) 3 次；(b) 2 次；(c) 6 次；(d) 3 次；(e) 3 次；(f) 3 次；(g) 6 次；(h) 3 次。

2. (a) $M_{AB} = ql^2/8$，$M_{BA} = 0$；$F_{SAB} = 5ql/8$，$F_{SBA} = -3ql/8$；

   (b) $M_{AB} = -20\text{kN} \cdot \text{m}$，$M_{BA} = 0$；$F_{SAB} = 10\text{kN}$，$F_{SBA} = -10\text{kN}$；

   (c) $M_{AB} = 0, M_{CA} = M_{CD} = -10/7\text{kN} \cdot \text{m}, M_{DC} = M_{DB} = -10/7\text{kN} \cdot \text{m}, M_{BD} = 0$；
   $F_{SAB} = F_{SCA} = -5/7\text{kN}, F_{SCD} = 10\text{kN}, F_{SDC} = -10\text{kN}, F_{SDB} = F_{SBD} = 5/7\text{kN}$；

   (d) $M_{AB} = 40\text{kN} \cdot \text{m}, M_{BA} = M_{BC} = -80\text{kN} \cdot \text{m}, M_{CB} = 0$；$F_{SAB} = F_{SBA} = -24\text{kN}, F_{SBC} = F_{SCB} = 40\text{kN}$。

3. (a) $M_{CA} = 52\text{kN} \cdot \text{m}$(左侧受拉)，$M_{DB} = 28\text{kN} \cdot \text{m}$(左侧受拉)；$F_{SCA} = -13\text{kN}$，
   $F_{SCD} = 40\text{kN}, F_{SDB} = -7\text{kN}, F_{NCA} = -40\text{kN}, F_{NCD} = -20\text{kN}, F_{NDB} = 0$；

   (b) $M_{CB} = ql^2/20$(上侧受拉)，$M_{AC} = ql^2/20$(左侧受拉)；$F_{SCB} = 11ql/20, F_{SBC} = -9ql/20, F_{NCA} = F_{NAC} = -11ql/20$；

   (c) $M_{DB} = 11.72\text{kN} \cdot \text{m}$(上侧受拉)，$M_{DC} = 7.03\text{kN} \cdot \text{m}$(上侧受拉)，$M_{DA} = 4.69\text{kN} \cdot \text{m}$(右侧受拉)；$F_{SBD} = 7.656\text{kN}, F_{SDB} = -12.344\text{kN}, F_{SDC} = -1.406\text{kN}, F_{NDA} = -10.938\text{kN}$；

   (d) $M_{DC} = 18.636\text{kN} \cdot \text{m}$(左侧受拉)，$M_{DB} = 12.27\text{kN} \cdot \text{m}$(下侧受拉)，$M_{DA} = 6.366\text{kN} \cdot \text{m}$(左侧受拉)，$M_{AD} = 25.002\text{kN} \cdot \text{m}$(左侧受拉)；$F_{SDC} = 3.106\text{kN}$，
   $F_{SDB} = 2.955\text{kN}, F_{SBD} = -7.045\text{kN}, F_{SDA} = 3.106\text{kN}, F_{NDA} = -2.955\text{kN}$。

4. (a) $M_{AC} = 101.25\text{kN} \cdot \text{m}$(右侧受拉)，$M_{BD} = 168.75\text{kN} \cdot \text{m}$(右侧受拉)；

   (b) $M_{AC} = 220\text{kN} \cdot \text{m}$(左侧受拉)，$M_{BD} = 220\text{kN} \cdot \text{m}$(左侧受拉)。

5. (a) $F_{NAC} = F_{NBD} = -50/3\text{kN}, F_{NCD} = -40/3\text{kN}, F_{NAE} = F_{NEF} = F_{NFB} = 40/3\text{kN}$，
   $F_{NCE} = F_{NCF} = F_{NDE} = F_{NDF} = 0$；

   (b) $F_{NCA} = F_{NAB} = F_{NBD} = -0.104F, F_{NCB} = F_{NDA} = 0.147F, F_{NCD} = 0.896F$。

6. (a) $M_{CA} = M_{CB} = 7.08\text{kN} \cdot \text{m}$(上侧受拉)，$F_{NAD} = F_{NDB} = 19.62\text{kN}$，
   $F_{NCD} = -23.54\text{kN}$；

   (b) $M_{EA} = M_{EF} = M_{FE} = M_{FB} = 0.74\text{kN} \cdot \text{m}$(上侧受拉)，$F_{NEC} = F_{NFD} = -30.37\text{kN}, F_{NCD} = 30.37\text{kN}, F_{NAC} = F_{NDB} = 42.95\text{kN}$。

7. (a) $F = 9\pi qR/64$；

   (b) $F = ql^2/16f$。

8. (a) $M_{CA} = 8.97\text{kN} \cdot \text{m}$(右侧受拉)，$M_{AC} = 32.7\text{kN} \cdot \text{m}$(左侧受拉)，$M_{CD} = 8.97\text{kN} \cdot \text{m}$(下侧受拉)，$M_{DC} = 15.63\text{kN} \cdot \text{m}$(上侧受拉)，$M_{DB} = 15.63\text{kN} \cdot \text{m}$(右侧受拉)，$M_{BD} = 19.37\text{kN} \cdot \text{m}$(左侧受拉)；

   (b) $M_{BC} = ql^2/14$(上侧受拉)，$M_{BD} = 3ql^2/56$(上侧受拉)，$M_{BA} = ql^2/56$(右侧受拉)。

第 **4** 章

位 移 法

本章学习目标

- 了解位移法的基本概念,会确定位移法的基本未知量。
- 掌握位移法典型方程与直接列平衡方程法两者中的一种方法。
- 掌握梁、刚架的内力计算,会由弯矩图绘制剪力图、由剪力图绘制轴力图。
- 会利用结构对称性进行简化计算。

用位移法计算超静定结构是超静定结构基本计算方法之一,其主要内容有:取基本结构离散杆件,使各杆件成为单跨静定梁;再用平衡条件列位移法方程,求出所求位移,最后利用此位移求杆件内力,绘制内力图。

4.1 位移法的基本思路

在分析超静定结构时,若以结构的多余未知力作为基本未知量,并按照位移的连续条件先将其求出,再进一步计算结构的内力和位移,这就是前面介绍的力法。它是首先在工程实际中被创立运用的方法。自钢筋混凝土框架结构出现以来,高次超静定结构被大量采用,图 4.1(a)所示为某码头运输栈桥的计算简图,图 4.1(b)所示为某水电站厂房的计算简图,图 4.1(c)所示为某矿井通道的计算简图,都是高次超静定结构。如用力法计算这种高次超静定结构是十分烦琐的,因此必须寻求其他计算方法,位移法就是在这种情况下出现的另一种基本方法。位移法是以结点位移为基本未知量,即首先求出结点位移的数值,然后再据此计算结构的内力。本章在用位移法计算超静定结构时,略去杆件的轴向变形和剪切变形的影响,使计算工作得到很大的简化。

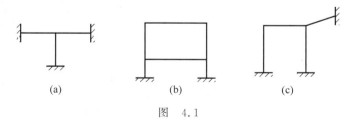

(a)　　　　　　(b)　　　　　　(c)

图　4.1

为了说明位移法的基本思路,分析如图 4.2 所示刚架。在荷载 F 的作用下,结构将产生如图中虚线所示的变形。由于忽略轴向变形,所以 A 与 B、A 与 C 之间的距离不变,因此 A 点无水平和竖向位移,即无线位移。两根杆件在刚结点 A 处有共同的转角 θ_A,称为结点

A 的角位移。结合第 2 章所学知识,在弹性范围内位移和内力总是相对应的,即确定的内力与确定的位移相对应。根据这个知识可知,若已知杆件在 A 端的转角,则杆件的内力便可得出,所以取结点转角 θ_A 作为位移法的基本未知量。我们首先设法用结点 A 的角位移 θ_A 及荷载 F 表示 AB 杆及 AC 杆在 A 端的弯矩 M_{AB} 及 M_{AC},这方面的内容将在 4.3 节叙述,现在只将其结果写出如下:

$$M_{AB} = 4\frac{EI}{l}\theta_A - \frac{1}{8}Fl$$

$$M_{AC} = 4\frac{EI}{l}\theta_A$$

然后将结点 A 脱离出来,利用平衡条件建立 M_{AB} 与 M_{AC} 之间的关系式,由此可以求得 θ_A 的值,根据变形与内力的关系,进一步求出杆件的内力,这就是位移法的基本思路。这一思路包含了位移法中最基本的计算步骤。

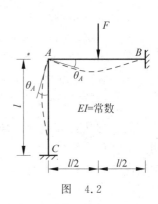

图　4.2

由此可知,位移法的解题思路是,先将整个刚架分为若干个单元,一般做法是以每一杆件为一单元,先研究单元的性质,即寻求杆端弯矩与荷载及杆端位移(结点位移)之间的关系,然后利用平衡方程求结点位移值,从而进一步求得各杆的内力,绘制出 M 图,再根据 M 图绘制 F_S 图,根据 F_S 图绘制 F_N 图。

4.2　基本结构与基本未知量

4.2.1　位移法的基本结构

我们知道,力法的解题思路是先去掉多余约束,使超静定结构变成静定的基本结构,然后用变形的连续条件求出多余未知力,从而将超静定结构变成静定结构来计算。那么位移法的基本结构是什么呢? 根据位移法的解题思路,首先将超静定结构的每根杆件变成单跨超静定梁。具体方法是,在原结构可能发生独立位移(转角和线位移)的结点上加入相应的附加约束,使其成为固定端或铰支端。实现的方法是:在每个刚结点上增设一个附加刚臂"▽",阻止刚结点的转动;同时,在每个产生独立线位移的结点上加一个附加链杆"○—○",阻止结点发生线位移。这样,就将原结构的所有杆件变成彼此独立的单跨超静定梁了。这个单跨超静定梁的组合体称为位移法的基本结构。例如图 4.3(a)所示的刚架,其基本结构如图 4.3(b)所示。图中用 Z_1 表示刚结点 D 处角位移未知量,用 Z_2 表示结点 D 的水平线位

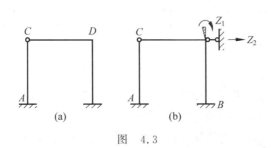

图　4.3

移未知量。通常先假设所有基本未知量都是正值,即 Z_1 顺时针方向转动为正,Z_2 向右移动为正。接下来的计算都在基本结构上进行。

4.2.2 位移法的基本未知量

位移法是以刚结点的转角和结点线位移作为基本未知量的。在确定基本结构时,为使各杆都转化为单跨超静定梁,须在每一个刚结点上增设一个附加刚臂,以约束其转动,并增设一定数量的附加链杆,以约束各结点移动。显然,附加刚臂数目等于刚结点数目,附加链杆的数目与原结构各结点的独立线位移数目相等。由此可见,**位移法的基本未知量数目等于基本结构上所加的附加约束的数目**。因此,在确定基本结构的同时,可确定基本未知量的数目。

1. 结点角位移数目

在某一刚结点处,汇交于该结点的各杆端的角位移是相等的,因此,每一个刚结点只有一个独立的角位移。而铰结点或铰支座处各杆端的转角是不一样的,计算杆端弯矩时不需要其数值,故不作为基本未知量。因此,**结点角位移未知量的数目等于结构刚结点的数目**。例如,图 4.4(a)所示刚架有 3 个刚结点,也即有 3 个结点角位移未知量,其基本结构如图 4.4(b)所示。

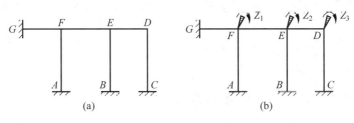

图 4.4

2. 结点线位移数目

如果考虑杆件的轴向变形,则平面刚架的每个结点都可能有水平和竖向两个线位移。但用算法进行结构分析时,忽略受弯直杆的轴向变形,并认为弯曲变形是微小的,即假定变形的直杆,在变形后其长度不变。例如图 4.3 所示刚架,由于不考虑轴向变形,所以 C、D 两结点都没有竖向线位移,且水平线位移相等,故该刚架只有一个独立的结点角位移 Z_1 和一个水平线位移 Z_2。

对于一般刚架,其独立的结点线位移数目可以直接观察确定。例如图 4.5(a)所示的刚架,显然每层有一个独立的结点线位移,其基本结构如图 4.5(b)所示。

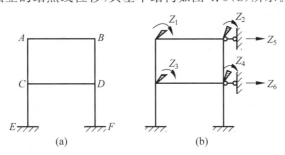

图 4.5

对于形式较复杂的刚架,仅观察是比较困难的,这时可以采用刚结点铰化法来确定其独立的结点线位移数。具体做法是,把刚架所有刚结点和固定端支座均改为铰结,如果原结构有结点线位移,则所得的铰结体系必定是几何可变的,利用几何组成分析方法,增加几根链杆使其变成几何不变体系,就可确定该刚架独立的结点线位移数目。例如,图4.6(a)所示刚架,将刚结点 C、D 及固定支座 E、F 变成铰结点,利用几何组成分析规则很容易确定独立的结点线位移数目,增加链杆 EC、EB,即将几何可变的铰结体系(见图4.6(b))变成几何不变的铰结体系(见图4.6(c)),故此刚架有两个独立的结点线位移。

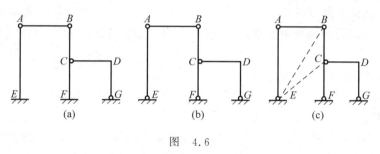

图　4.6

4.3　载常数、形常数与等截面直杆的转角位移方程

在位移法中,常用到图4.7所示的三种类型的等截面单跨超静定梁,它们在荷载、支座位移等作用下,其内力可以用力法求得。

4.3.1　杆端弯矩与杆端位移正负规定

图4.8(a)所示刚架承受荷载后,任取其中 AB 杆件单元,如图4.8(b)所示(图中未画出轴力和剪力)。将杆在两端切开,在切口处画出杆端弯矩,用 M_{AB} 和 M_{BA} 表示杆端弯矩。杆端弯矩正、负号规定如下：**对于杆件而言,杆端弯矩以顺时针转向为正；对于结点和支座而言,杆端弯矩以逆时针转向为正**。图4.8(b)所画的杆端弯矩都是正的。这样的杆端弯矩使杆件左端下侧受拉、右端上侧受拉为正。应特别注意的是：这种对弯矩正、负号的规定只适用于

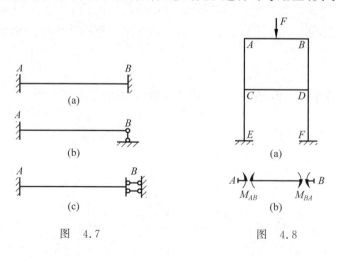

图　4.7　　　　图　4.8

杆端弯矩,对于杆间任一截面仍不需标明正、负号,只是绘制弯矩图时应将弯矩画在杆件受拉一侧。

图 4.9(a)所示两端固定的梁 AB,当 A 端发生转角 θ_A,B 端发生转角 θ_B,两端产生垂直于梁轴的相对线位移 Δ 时,变形后的梁 AB' 与水平方向的夹角称为弦转角,用 φ_{AB} 或 φ_{BA} 表示。

以上各种位移的正、负号规定如下:杆端转角 θ_A、θ_B 以及弦转角 φ_{AB}、φ_{BA} 都以顺时针转向为正;线位移 Δ 的正、负号应与弦转角 φ_{AB} 一致,即右端下沉、左端上升为正。图 4.9 中所画的各种位移都为正值。

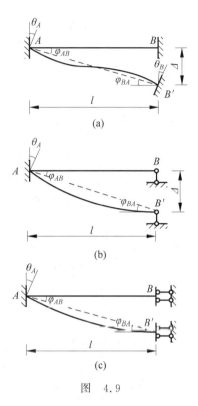

图 4.9

4.3.2 载常数和形常数

图 4.9 所示三种支承形式的梁在各种单一荷载作用下的杆端弯矩和杆端剪力称为**固端弯矩**和**固端剪力**,统称为**载常数**。固端弯矩用 M_{AB}^F、M_{BA}^F 表示,固端剪力用 F_{3AD}^F 和 F_{3BA}^F 表示。表 4.1 给出等截面各种单跨超静定梁在三种不同荷载作用下的固端弯矩、固端剪力。杆端发生各种单位正位移时的杆端弯矩、杆端剪力统称为形常数,如表 4.2 所示。

微课 13

表 4.1 固端弯矩及固端剪力(载常数)

编号	梁的简图	固端弯矩	固端剪力	弯矩图
1		$M_{AB}=-\dfrac{Fab^2}{l^2}$ $M_{BA}=\dfrac{Fa^2b}{l^2}$	$F_{SAB}=\dfrac{Fb^2}{l^2}\left(1+\dfrac{2a}{l}\right)$ $F_{SBA}=-\dfrac{Fa^2}{l^2}\left(1+\dfrac{2b}{l}\right)$	
2		$M_{AB}=-\dfrac{1}{8}Fl$ $M_{BA}=\dfrac{1}{8}Fl$	$F_{SAB}=\dfrac{1}{2}F$ $F_{SBA}=-\dfrac{1}{2}F$	
3		$M_{AB}=-\dfrac{1}{12}ql^2$ $M_{BA}=\dfrac{1}{12}ql^2$	$F_{SAB}=\dfrac{1}{2}ql$ $F_{SBA}=-\dfrac{1}{2}ql$	
4		$M_{AB}=-\dfrac{1}{30}ql^2$ $M_{BA}=\dfrac{1}{20}ql^2$	$F_{SAB}=\dfrac{3}{20}ql$ $F_{SBA}=-\dfrac{7}{20}ql$	

续表

编号	梁的简图	固端弯矩	固端剪力	弯矩图
5		$M_{AB}=-\dfrac{qa^2}{12l^2}\times$ $(6l^2-8la+3a^2)$ $M_{BA}=\dfrac{qa^3}{12l^2}(4l-3a)$	$F_{SAB}=\dfrac{qa^2}{2l^3}(2l^3-2la^2+a^3)$ $F_{SBA}=-\dfrac{qa^3}{2l^3}(2l-a)$	
6		$M_{AB}=-\dfrac{Fb}{2l^2}(l^2-b^2)$	$F_{SAB}=\dfrac{Fb}{2l^3}(3l^2-b^2)$ $F_{SBA}=-\dfrac{Fa^2}{2l^3}(3l-a)$	
7		$M_{AB}=-\dfrac{3}{16}Fl$	$F_{SAB}=\dfrac{11}{16}F$ $F_{SBA}=-\dfrac{5}{16}F$	
8		$M_{AB}=-\dfrac{1}{8}ql^2$	$F_{SAB}=\dfrac{5}{8}ql$ $F_{SBA}=-\dfrac{3}{8}ql$	
9		$M_{AB}=-\dfrac{1}{15}ql^2$	$F_{SAB}=\dfrac{2}{5}ql$ $F_{SBA}=-\dfrac{1}{10}ql$	
10		$M_{AB}=-\dfrac{7}{120}ql^2$	$F_{SAB}=\dfrac{9}{40}ql$ $F_{SBA}=-\dfrac{11}{40}ql$	
11		$M_{AB}=\dfrac{M_1}{2}$ $M_{BA}=M_1$	$F_{SAB}=\dfrac{-3M_1}{2l}$ $F_{SBA}=\dfrac{-3M_1}{2l}$	
12		$M_{AB}=-\dfrac{Fa}{2l}(2l-a)$ $M_{BA}=-\dfrac{Fa^2}{2l}$	$F_{SAB}=F$ $F_{SBA}=0$	
13		$M_{AB}=-\dfrac{1}{2}Fl$ $M_{BA}=\dfrac{-Fl}{2}$	$F_{SAB}=F$ $F_{SBA}=F$	

续表

编号	梁的简图	固端弯矩	固端剪力	弯矩图
14		$M_{AB}=-\dfrac{1}{3}ql^2$ $M_{BA}=-\dfrac{1}{6}ql^2$	$F_{SAB}=ql$ $F_{SBA}=0$	

表 4.2　等截面直杆的形常数

编号	梁的简图	杆端弯矩	杆端剪力	弯矩图
1		$M_{AB}=\dfrac{4EI}{l}=4i$ $M_{BA}=\dfrac{2EI}{l}=2i$	$F_{SAB}=-\dfrac{6EI}{l^2}=-\dfrac{6i}{l}$ $F_{SBA}=-\dfrac{6EI}{l^2}=-\dfrac{6i}{l}$	
2		$M_{AB}=\dfrac{3EI}{l}=3i$ $M_{BA}=0$	$F_{SAB}=-\dfrac{3EI}{l^2}=-\dfrac{3i}{l}$ $F_{SBA}=-\dfrac{3EI}{l^2}=-\dfrac{3i}{l}$	
3		$M_{AB}=\dfrac{EI}{l}=i$ $M_{BA}=-\dfrac{EI}{l}=-i$	0	
4		$M_{AB}=-\dfrac{EI}{l}=-i$ $M_{BA}=\dfrac{EI}{l}=i$	0	
5		$M_{AB}=-\dfrac{6EI}{l^2}=-\dfrac{6i}{l}$ $M_{BA}=-\dfrac{6EI}{l^2}=-\dfrac{6i}{l}$	$F_{SAB}=-\dfrac{12EI}{l^3}=-\dfrac{12i}{l^2}$ $F_{SBA}=\dfrac{12EI}{l^3}=\dfrac{12i}{l^2}$	
6		$M_{AB}=-\dfrac{3EI}{l^2}=-\dfrac{3i}{l}$	$F_{SAB}=\dfrac{3EI}{l^3}=\dfrac{3i}{l^2}$ $F_{SBA}=\dfrac{3EI}{l^3}=\dfrac{3i}{l^2}$	

4.3.3　等截面直杆的转角位移方程

上述三种等截面梁在受荷载作用,同时又发生杆端转角和垂直于杆轴的杆端相对线位移时,根据叠加原理,所引起的杆端弯矩应该是由表 4.1 与表 4.2 查得杆端位移所引起的固端弯矩和杆端弯矩的叠加。

(1) 对于图 4.9(a)所示两端固定梁,分析如下:

① A 端转角 θ_A 引起的杆端弯矩由表 4.2 第一栏查得

$$M'_{AB}=4i\theta_A , \quad M'_{BA}=2i\theta_A$$

② B 端转角 θ_B 引起的杆端弯矩由表 4.2 第一栏查得

$$M''_{AB} = 2i\theta_B, \quad M''_{BA} = 4i\theta_B$$

③ 两端相对线位移 Δ 引起的杆端弯矩由表 4.2 第 6 栏查得

$$M'''_{AB} = -\frac{6i}{l}\Delta, \quad M'''_{BA} = -\frac{6i}{l}\Delta$$

④ 如果有荷载作用,由表 4.1 的相应栏可查得 M^F_{AB} 和 M^F_{BA},最后根据叠加原理,将以上几项叠加得

$$M_{AB} = 4i\theta_A + 2i\theta_B - \frac{6i}{l}\Delta + M^F_{AB}$$

$$M_{BA} = 2i\theta_A + 4i\theta_B - \frac{6i}{l}\Delta + M^F_{BA}$$

(4-1)

(2) 对于图 4.9(b)所示的一端固定一端铰支的梁,用与上述同样方法可得

$$M_{AB} = 3i\theta_A - \frac{3i}{l}\Delta + M^F_{AB}$$

$$M_{BA} = 0$$

(4-2)

(3) 对于图 4.9(c)所示一端固定另一端滑动支座的梁,用与上述同样方法可得

$$M_{AB} = i\theta_A + M^F_{AB}$$

$$M_{BA} = -i\theta_A + M^F_{BA}$$

(4-3)

式(4-1)、式(4-2)和式(4-3)分别是常用的不同支座形式的等截面单跨超静定梁杆端弯矩的一般计算公式,称为**转角位移方程**。

4.4　位移法单个未知量的典型方程及其应用

现以图 4.10(a)所示刚架为例,说明单个基本未知量位移法典型方程的建立思路。在结点 1 增设附加刚臂,则图 4.10(a)变成如图 4.10(b)所示的基本结构。在基本结构上加上原结构的外力 F,由于附加刚臂不允许结点 1 转动,此时只有梁 1B 发生变形,梁 1A 则不变形,如图 4.10(c)所示。这与原结构在未加约束前的变形状态(如图 4.10(a)所示)不同,此时附加刚臂中产生了反力矩 R_{1F},规定反力矩以顺时针为正,图中所示的反力矩 R_{1F} 为正。

于是,基本结构与原结构就有了差别,表现在:

(1) 由于加了约束,使结点 1 不能转动,而原来是能转动的;

(2) 由于加了附加约束,产生了约束反力矩,而原来是没有这个约束反力矩的。

也就是说,基本结构与原结构变形不一样了,其内力也不一样了,要使基本结构与原结构内力相同,就必须使基本结构与原结构发生相同的变形。于是转动结点 1 使之产生与原结构一样的转角 Z_1,这时附加刚臂不再起作用,故其附加约束反力矩 R_1 应等于零,即 $R_1 = 0$。

附加约束反力矩 R_1 是基本结构受外荷载及结点转角 Z_1 共同作用的结果,即外荷载和应有的转角 Z_1 共同作用于基本结构时,附加约束反力矩等于零,根据叠加原理,共同作用等于单独作用的叠加,即

$$R_1 = R_{11} + R_{1F} = 0$$

(a)

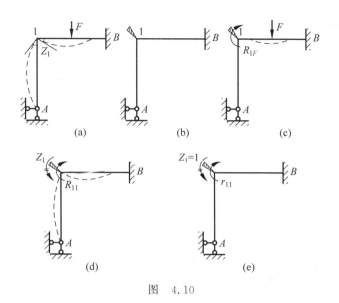

图　4.10

式中，R_{11} 为强制使结点 1 产生转角 Z_1 时所产生的约束反力矩，如图 4.10(d)所示；R_{1F} 为荷载作用下所产生的约束反力矩，如图 4.10(c)所示。

为了将式(a)写成未知量 Z_1 的方程式，将 R_{11} 写为

$$R_{11} = r_{11} Z_1$$

其中 r_{11} 为单位转角($Z_1=1$)产生的约束反力矩，如图 4.10(e)所示，这样，式(a)变为

$$r_{11} Z_1 + R_{1F} = 0 \tag{4-4}$$

式(4-4)称为单个未知量的位移法典型方程。它的物理意义是，基本结构由于转角 Z_1 及外荷载共同作用，附加刚臂 1 处产生的约束反力矩总和等于零，也就相当于去掉附加刚臂，使基本结构复原为原结构。

由式(4-4)可得

$$Z_1 = -\frac{R_{1F}}{r_{11}}$$

可见，只要知道系数 r_{11} 及自由项 R_{1F}，Z_1 值很容易求得。

微课 14

转角 Z_1 附加反力矩(r_{11}，R_{1F})在图中都画成正向。**附加反力矩的符号规定是**：与转角的正向一致时为正，即顺时针为正。为使转角的符号与力偶符号相区别，故以符号 Z 表示转角。

为求 r_{11}，应绘出单位结点转角 $Z_1=1$ 所引起的弯矩图 $\overline{M}_1$，称 $\overline{M}_1$ 图为单位弯矩图，如图 4.11(a)所示，此转角所引起的变形如图 4.11(b)所示。杆 1B 是两端固定梁，它的 1 端发生了单位转角，由式(4-1)可得，其弯矩图如图 4.11(a)中 1B 杆所示。杆 1A(图 4.11(b))则是一端固定、另一端铰支梁，其 1 端发生单位转角，由变形图知左侧受拉，其弯矩图如图 4.11(a)中 1A 杆所示。

r_{11} 值根据结点 1 的平衡条件来求，具体方法是从图 4.11(a)上截取结点 1，如图 4.11(c)所示。杆件被截断后，暴露出来的杆端力矩视为结点 1 的已知外力。杆件 1B 的杆端力矩 M_{AB} 是正的，对结点来说应画成逆时针方向。同理，M_{1A} 也应画成逆时针方向，这两个力矩

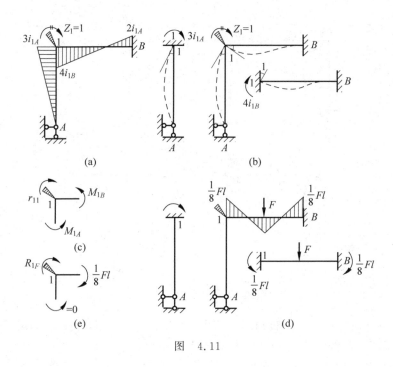

图　4.11

都是结点 1 的已知外力矩。结点 1 处附加刚臂中的约束反力矩是未知的,按正向画出,用 r_{11} 来表示。

由 $\sum M_1 = 0$ 得

$$M_{1B} + M_{1A} - r_{11} = 0$$
$$r_{11} = 4i_{1B} + 3i_{1A}$$

上式表明,约束反力矩 r_{11} 等于图 4.11(b)中杆 1A、杆 1B 的 1 端杆端力矩之和($3i_{1A} + 4i_{1B}$),而这些杆端力矩可以由 $\overline{M}_1$ 图 4.11(a)直接读出来,后面我们就用这种方法计算附加刚臂的约束反力矩。

r_{11} 中脚标的含义:前一个脚标表示反力的位置和方向,后一个脚标表示引起反力的原因。r_{11} 是 $Z_1 = 1$ 引起的附加刚臂 1 处的沿 Z_1 方向的反力矩。

为求 R_{1F},绘制 M 图,如图 4.11(d)所示。M 图为荷载在基本结构上产生的弯矩图。杆 B 为两端固定梁,中间承受力 F 作用,其弯矩图如图 4.11(d)所示。杆 1A 为一端固定、另一端铰支杆,由于无荷载作用,因此无弯矩图。若有荷载作用,则按一端固定、另一端铰支杆绘制弯矩图。

R_{1F} 由结点平衡条件求出。从 M_F 图上截取结点 1,如图 4.11(e)所示。由于杆件 1B 的 1 端力矩为负,对结点来说应画成顺时针方向。约束反力 R_{1F} 的大小及方向是未知的,按正向画出。

由平衡条件求 R_{1F},列方程 $\sum M_1 = 0$,有

$$R_{1F} + \frac{1}{8}Fl = 0$$

解得

$$R_{1F} = -\frac{1}{8}Fl$$

在原结构结点上无外力偶作用的情况下，R_{1F} 也等于杆端力矩之和，可由 M_F 图读出，而不必列平衡方程。如图 4.11(d) 所示，杆 1B 的 1 端杆端力矩为 $-\frac{1}{8}Fl$（逆时针），杆 1A 的 1 端杆端力矩为零，加起来仍为 $-\frac{1}{8}Fl$，故 $R_{1F} = -\frac{1}{8}Fl$。

令 $i_{1B} = i_{1A} = i$，则

$$r_{11} = 4i + 3i = 7i$$

将 r_{11}、R_{1F} 代入典型方程，有

$$7iZ_1 - \frac{1}{8}Fl = 0$$

解得

$$Z_1 = \frac{Fl}{56i}$$

结果为正值，说明结点 1 的转角 Z_1 与假设的方向相同，是顺时针转动。

求出 Z_1 后，按叠加原理（$M = \overline{M}_1 Z_1 + M_F$）绘出最终弯矩图，如图 4.12(a) 所示。

弯矩图绘出后，应当校核其结点是否满足平衡条件，对于本例，应校核结点 1 是否满足 $\sum M_1 = 0$。为此，从图 4.12(a) 上截取结点 1，其受力情况如图 4.12(b) 所示，可见满足 $\sum M_1 = 0$。

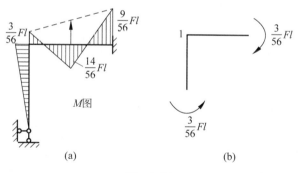

图 4.12

用位移法求解刚架，首先求出的是结点位移，而不是力，所以无法直接绘制剪力图和轴力图，必须在确定弯矩图正确之后，才能根据弯矩图绘剪力图，再按剪力图绘出轴力图。具体方法如下。

截取杆件 1B，如图 4.13(a) 所示，把杆端力矩视为已知外力加在杆的两端，再加上给定的集中力 F，按平衡条件求出杆端剪力。

由 $\sum M_1 = 0$，有

$$F_{SB1}l + F \cdot \frac{l}{2} + \frac{9}{56}Fl - \frac{3}{56}Fl = 0$$

解得

$$F_{SB1} = -\frac{17}{28}F$$

由 $\sum M_B = 0$，有

$$F_{S1B}l - \frac{3}{56}Fl - F \cdot \frac{1}{2} + \frac{9}{56}Fl = 0$$

解得

$$F_{S1B} = \frac{11}{28}F$$

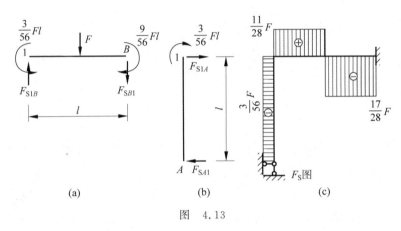

图　4.13

再取杆件 $1A$，如图 4.13(b)所示，由平衡条件求得

$$F_{SA1} = F_{S1A} = -\frac{3}{56}F$$

有了杆端剪力，便可绘出剪力图。剪力图可绘在杆的任意一侧，但必须标明正、负号。剪力图如图 4.13(c)所示。

有了剪力图，可按结点平衡条件求杆的轴力。截取结点 1，如图 4.14(a)所示，把杆端力矩及杆端剪力均视为作用在该结点上的外力。

由于力矩在投影方程中不出现，此处可不画力矩，只需将杆端剪力按真实方向画出，如图 4.13(c)所示，F_{S1C} 是正值，绕结点 1 顺时针转动；F_{S1A} 是负值，绕结点逆时针转动；杆端轴力未知，都按正向画出。

由 $\sum F_x = 0$，得 $F_{N1B} = -F_{S1A} = -\frac{3}{56}F$；

由 $\sum F_y = 0$，得 $F_{N1A} = F_{S1C} = -\frac{11}{28}F$。

算出杆端轴力便可绘出轴力图。轴力可绘在杆件的任意一侧，必须标明正、负号。轴力图如图 4.14(b)所示。

M、F_S、F_N 图全部完成后，可对其内力图进行总校核(此处从略)。

综上所述，用位移法解题的步骤概括如下。

(1) 确定位移法基本未知量，画出位移法基本结构。

(2) 列位移法典型方程。

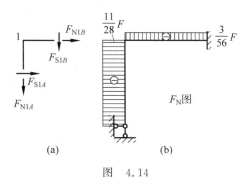

图 4.14

（3）绘制单位弯矩图、荷载弯矩图,求系数及自由项。

（4）解方程,求出基本未知量。

（5）用叠加法绘制 M 图。

（6）根据 M 图绘制 F_S 图。

（7）根据 F_S 图绘制 F_N 图。

（8）内力图总校核。

例 4.1 用位移法计算图 4.15 所示刚架,绘制 M、F_S、F_N 图。

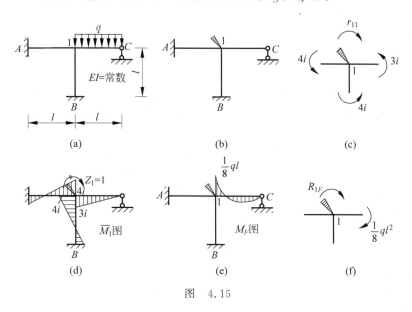

图 4.15

解 解题思路:先取基本结构确定基本未知量,列出位移法方程,绘制 $\overline{M}_1$、M_F 图求出系数、自由项,代入方程,确定基本未知量,用叠加法作 M 图,根据 M 图绘制 F_S 图,根据 F_S 图绘制 F_N 图。

解题过程:为了方便,可将各杆刚度化为线刚度来计算,$i_{1A}=i_{1B}=i_{1C}=i=\dfrac{EI}{l}$,按以下步骤进行。

（1）确定位移法基本未知量,画出位移法基本结构。

本例无结点线位移,只有一个刚性结点 1,故位移法基本未知量只有一个结点角位移。

在结点 1 处增设附加刚臂,得基本结构如图 4.15(b)所示。$A1$、$B1$ 是两端固定的单跨梁,$C1$ 是一端固定、另一端铰支的梁。

(2) 列位移法典型方程。

$$r_{11}Z_1 + R_{1F} = 0$$

(3) 求系数 r_{11} 及自由项 R_{1F}。

绘制 $\overline{M}_1$ 图及 M_F 图,分别如图 4.15(c)、(d)所示。

从 $\overline{M}_1$ 图上截取结点 1,如图 4.15(e)所示,画上各杆杆端力矩,未知量 r_{11} 按正向画出。

由方程 $\sum M_1 = 0$,有

$$r_{11} - 4i - 4i - 3i = 0$$

解得

$$r_{11} = 11i$$

r_{11} 称为主系数,恒为正值,其大小等于结点 1 处各杆杆端力矩之和,如图 4.15(c)所示,即

$$r_{11} = 4i + 4i + 3i = 11i$$

再从 M_F 图上截取结点 1,如图 4.15(f)所示,杆 $1C$ 的固端力矩为 $-\frac{1}{8}ql^2$(绕结点顺时针方向),未知量 R_{1F} 按正向画出。

由方程 $\sum M_1 = 0$,得

$$R_{1F} = -\frac{1}{8}ql^2$$

R_{1F} 也可以由 M_F 图(见图 4.15(f))直接读出来,它等于杆端力矩之和,即 $R_{1F} = M_{1A} + M_{1B} + M_{1C}$。其中 $M_{1A} = 0$,$M_{1B} = 0$,$M_{1C} = -\frac{1}{8}ql^2$(对杆端逆时针作用),故

$$R_{1F} = -\frac{1}{8}ql^2$$

(4) 解方程,求出基本未知量。

将 r_{11}、R_{1F} 值代入典型方程,得

$$11iZ_1 - \frac{1}{8}ql^2 = 0$$

解出

$$Z_1 = \frac{1}{88i}ql^2$$

(5) 叠加法绘制 M 图。

$$M = \overline{M}_1 Z_1 + M_F$$

与力法相同,直接按上式算出各杆的杆端力矩,如杆上无外力,把杆端力矩的端点直接连成一直线,若杆上还有外力,再叠加上简支梁的弯矩图。如:

$$M_{A1} = 2iZ_1 + M_F = 2i \cdot \frac{1}{88i}ql^2 = \frac{1}{44}ql^2$$

$$M_{1A} = 4iZ_1 + M_F = 4i \cdot \frac{1}{88i}ql^2 = \frac{2}{44}ql^2$$

$$M_{1B} = 4iZ_1 + M_F = 4i \cdot \frac{1}{88i}ql^2 = \frac{2}{44}ql^2$$

$$M_{B1} = 2iZ_1 + M_F = 2i \cdot \frac{1}{88i}ql^2 = \frac{1}{44}ql^2$$

$$M_{1C} = 3iZ_1 + M_F = 3i \cdot \frac{1}{88i}ql^2 - \frac{1}{8}ql^2 = \frac{-4}{44}ql^2$$

$$M_{C1} = 0$$

由于 $1C$ 杆上有均布荷载，应先把杆端力矩纵标连成虚线，以此虚线为基线，再叠加上简支梁在均布荷载作用下的弯矩图。

最终弯矩图如图 4.16 所示。

（6）根据弯矩图绘制剪力图。

截取杆件 $A1$，脱离体及受力图如图 4.17(a)所示。

由方程 $\sum M_A = 0$，有

$$\frac{ql^2}{44} + \frac{2ql^2}{44} + F_{S1A}l = 0$$

得

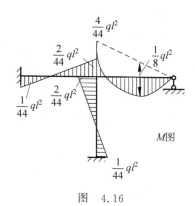

图　4.16

$$F_{S1A} = -\frac{3}{44}ql$$

由方程 $\sum M_1 = 0$，有

$$\frac{1}{44}ql^2 + \frac{2}{44}ql^2 + F_{SA1}l = 0$$

得

$$F_{SA1} = -\frac{3}{44}ql$$

再截取 $1C$ 杆，脱离体与受力图如图 4.17(b)所示。

由方程 $\sum M_1 = 0$，有

$$F_{SC1}l + ql \cdot \frac{1}{2} - \frac{4}{44}ql^2 = 0$$

得

$$F_{SC1} = -\frac{9}{22}ql$$

由方程 $\sum M_C = 0$，有

$$F_{S1C}l - \frac{1}{2}ql^2 - \frac{4}{44}ql^2 = 0$$

得

$$F_{S1C} = \frac{13}{22}ql$$

求剪力时，由于只需列力矩方程，因此绘制受力图时可以不画 F_N。

最后截取杆件 $1B$，受力图如图 4.17(c)(轴力未画)所示。

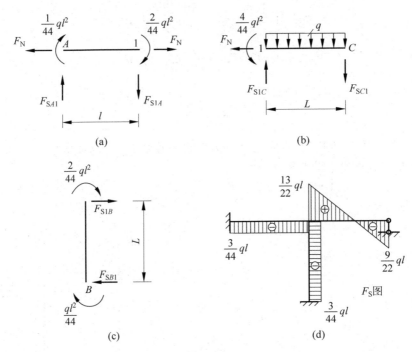

图　4.17

由方程 $\sum M_B = 0$，有

$$F_{\mathrm{S1}B}l + \frac{2}{44}ql^2 + \frac{1}{44}ql^2 = 0$$

得

$$F_{\mathrm{S1}B} = -\frac{3}{44}ql$$

由方程 $\sum M_1 = 0$，得

$$F_{\mathrm{S}B1} = -\frac{3}{44}ql$$

根据杆端剪力便可绘出剪力图，如图 4.17(d)所示。

（7）根据剪力图绘制轴力图。

根据剪力图，可逐次截取结点，由结点的平衡条件求轴力。截取结点时应先取只有一个或两个未知力的结点。

对本例应先取结点 C，受力图如图 4.18(a)所示。

由平衡方程 $\sum F_x = 0$，得 $F_{\mathrm{N}C1} = 0$。

再取结点 1，其受力如图 4.18(b)所示。此时杆端剪力已知，$F_{\mathrm{N}1A}$ 及 $F_{\mathrm{N}1B}$ 为待求的未知量（$F_{\mathrm{N}1C}$ 已知为零）。由于杆端力矩在投影方程中不出现，故不必画出，未知轴力均按正向画出。

由 $\sum F_x = 0$，得 $F_{\mathrm{N}1A} = F_{\mathrm{S}1B} = \dfrac{3}{44}ql$。

由 $\sum F_y = 0$,得

$$F_{N1B} + F_{S1A} + F_{S1C} = 0$$

最后得

$$F_{N1B} = -\frac{3}{44}ql - \frac{13}{22}ql = -\frac{29}{44}ql$$

轴力图如图 4.18(c)所示。

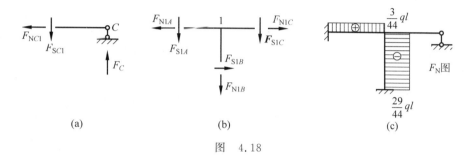

图　4.18

（8）内力图平衡条件总校核。

M、F_S、F_N 图全部绘出后,可对其内力图进行总校核。截取隔离体如图 4.19 所示,把已经求出的全部内力按其真实方向画出,验证该力系是否满足平衡条件:

$$\sum M_A = \frac{18}{44}ql \cdot 2l + \frac{29}{44}ql \cdot l + \frac{2}{44}ql^2 - \frac{ql^2}{44} - ql\,\frac{3}{2}l = 0$$

$$\sum F_x = \frac{3}{44}ql - \frac{3}{44}ql = 0$$

$$\sum F_y = \frac{18}{44}ql + \frac{29}{44}ql - \frac{3}{44}ql - ql = 0$$

可见满足总体平衡条件。

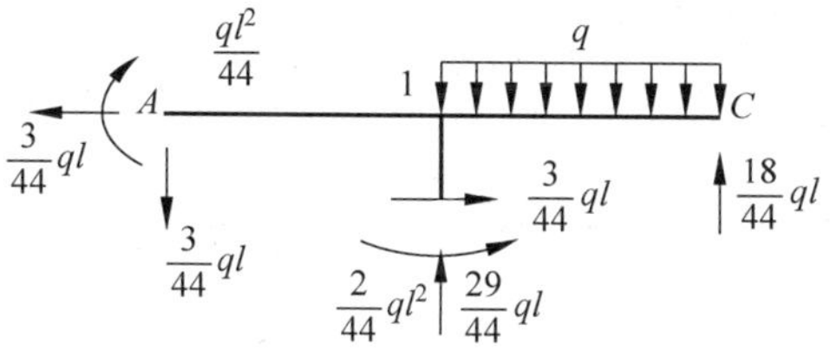

图　4.19

4.5　位移法多个未知量的典型方程及其应用

如图 4.20(a)所示刚架,既有结点转角又有结点线位移,在给定的荷载作用下变形曲线大致形状如图 4.20(a)中虚线所示。结点 1、2 的角位移用 Z_1、Z_2 表示,结点 3 的侧向线位移用 Z_3 表示,即该刚架的基本未知量有三个。为了将图 4.20(a)所示刚架变成互相独立的单跨超静定梁,需在 1、2 两处加附加刚臂,以限制结点转动,在结点 3 处加附加链杆,以限制刚架侧向移动,形成的位移法基本结构如图 4.20(b)所示。

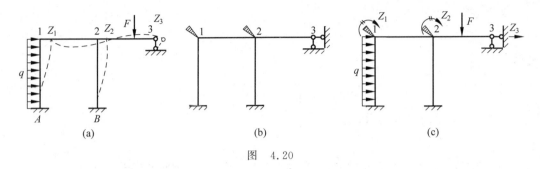

图　4.20

在基本结构上先加上已知的外荷载,为了消除基本结构与原结构之间的差别,转动附加刚臂,使结点 1、2 分别发生转角 Z_1、Z_2,移动附加链杆 3,使结点 3 发生的水平侧移等于 Z_3,如图 4.20(c)所示。如果 Z_1、Z_2、Z_3 是原有的位移,则该体系就恢复了其原来的自然状态,而附加约束就不起作用了,即其反力等于零:

$$\begin{cases} R_1 = 0 \\ R_2 = 0 \\ R_3 = 0 \end{cases} \qquad (a)$$

由于附加约束 1、2 是刚臂,反力 R_1、R_2 实为刚臂 1、2 的反力矩,附加约束 3 是链杆,其反力为链杆反力。

式(a)中,反力 R_1、R_2、R_3 是转角 Z_1 及 Z_2、线位移 Z_3 和外荷载对基本结构共同作用引起的,按叠加原理,共同作用的结果等于基本结构在各结点位移和荷载分别单独作用下(见图 4.21(a)～(d))的叠加,故有

$$\begin{cases} R_1 = R_{11} + R_{12} + R_{13} + R_{1F} \\ R_2 = R_{21} + R_{22} + R_{23} + R_{2F} \\ R_3 = R_{31} + R_{32} + R_{33} + R_{3F} \end{cases} \qquad (b)$$

其中,R_{11}、R_{21}、R_{31} 为由于 Z_1(见图 4.21(a))引起的附加约束 1、2、3 的反力;R_{12}、R_{22}、R_{32} 为由于 Z_2(见图 4.21(b))引起的附加约束 1、2、3 的反力;R_{13}、R_{23}、R_{33} 为由于 Z_3(见

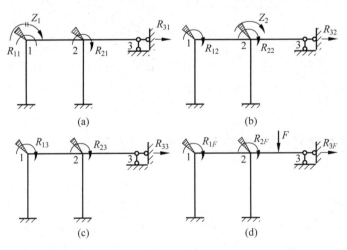

图　4.21

图 4.21(c))引起的附加约束 1、2、3 的反力；R_{1F}、R_{2F}、R_{3F} 为由于外荷载(见图 4.21(d))引起的附加约束 1、2、3 的反力。

脚标中的第一个字母指明反力产生的位置,第二个字母指明引起反力的原因。图中所示均为位移及反力的正向。

为了把未知量 Z_1、Z_2、Z_3 显露出来,把它们引起的反力写成如下形式:

$$\begin{cases} R_{11} = r_{11}Z_1 \\ R_{12} = r_{12}Z_2 \\ R_{13} = r_{13}Z_3 \end{cases} \tag{c}$$

$$\begin{cases} R_{21} = r_{21}Z_1 \\ R_{22} = r_{22}Z_2 \\ R_{23} = r_{23}Z_3 \end{cases} \tag{d}$$

$$\begin{cases} R_{31} = r_{31}Z_1 \\ R_{32} = r_{32}Z_2 \\ R_{33} = r_{33}Z_3 \end{cases} \tag{e}$$

其中,r_{11}、r_{21}、r_{31} 为由于 $Z_1 = 1$(见图 4.22(a))引起的附加约束 1、2、3 的反力；r_{12}、r_{22}、r_{32} 为由于 $Z_2 = 1$(见图 4.22(b))引起的附加约束 1、2、3 的反力,r_{13}、r_{23}、r_{33} 为由于 $Z_3 = 1$(见图 4.22(c))引起的附加约束 1、2、3 的反力。

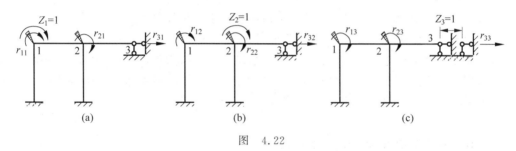

图 4.22

图中所示为反力正向。

将式(c)、(d)、(e)代入式(b)得

$$\begin{cases} R_1 = r_{11}Z_1 + r_{12}Z_2 + r_{13}Z_3 + R_{1F} \\ R_2 = r_{21}Z_1 + r_{22}Z_2 + r_{23}Z_3 + R_{2F} \\ R_3 = r_{31}Z_1 + r_{32}Z_2 + r_{33}Z_3 + R_{3F} \end{cases} \tag{f}$$

将式(f)代入式(a),得

$$\begin{cases} r_{11}Z_1 + r_{12}Z_2 + r_{13}Z_3 + R_{1F} = 0 \\ r_{21}Z_1 + r_{22}Z_2 + r_{23}Z_3 + R_{2F} = 0 \\ r_{31}Z_1 + r_{32}Z_2 + r_{33}Z_3 + R_{3F} = 0 \end{cases} \tag{4-5}$$

式(4-5)所示方程组称为位移法多个未知量的典型方程。方程式的数目恒与基本未知量数目相同,因为有多少个未知位移就要加多少个约束,而加多少个附加约束,就要有多少个使附加约束反力等于零的方程,以使结构恢复自然状态。

典型方程式(4-5)中的系数 r 是位移 $Z_i = 1$ 引起的附加约束 i 的反力。

第一个方程表示附加约束 1 的反力等于零,即 $R_1 = 0$。第一个附加约束是刚臂,其反力 R_1 为反力矩。第一个方程中的所有系数 r_{11}、r_{12}、r_{33} 和自由项 R_{1F} 都是附加刚臂 1 的反力矩,所以脚标中第一个字母都是 1。

第二个方程表示附加约束 2 的反力等于零,即 $R_2 = 0$。第二个附加约束也是刚臂,故其反力 R_2 也为反力矩。第二个方程中的所有系数 r_{21}、r_{22}、r_{23} 和自由项 R_{2F} 都是附加刚臂 2 的反力矩,所以第一个脚标都是 2。

第三个方程表示附加约束 3 的反力等于零,即 $R_3 = 0$。第三个方程中的所有系数 r_{31}、r_{32}、r_{33} 和自由项 R_{3F} 都是附加链杆 3 的反力,所以第一个脚标都是 3。r_{11}、r_{22}、r_{33} 称为主系数,恒为正。r_{12}、r_{13}、r_{31}、r_{23}、r_{32} 称为副系数,可正,可负,可为零。且 $r_{12} = r_{21}$,$r_{13} = r_{31}$,$r_{23} = r_{32}$。

可以利用上述方程的组成规律,写出其他基本未知量的位移法典型方程,如两个基本未知量的位移法典型方程如下:

$$\begin{cases} r_{11}Z_1 + r_{12}Z_2 + R_{1F} = 0 \\ r_{21}Z_1 + r_{22}Z_2 + R_{2F} = 0 \end{cases} \qquad (4\text{-}6)$$

通常将只有结点角位移的刚架称为**无侧移刚架**;而将有结点线位移,或者将既有结点线位移又有结点角位移的刚架称为**有侧移刚架**。下面通过例题分别讨论。

4.5.1　无侧移刚架的内力计算

用位移法计算无侧移刚架时,其基本未知量只有结点角位移。

例 4.2　计算图 4.23(a)所示刚架,并绘制 M、F_S、F_N 图。

解　解题思路:取基本结构,确定基本未知量,列出对应的两个结点位移法方程,绘制 $\overline{M}_1$、$\overline{M}_2$、M_F 图,确定系数和自由项,代入方程算出 Z_1、Z_2,再用叠加法绘制 M 图,由 M 图绘制 F_S 图,由 F_S 图绘制 F_N 图。

解题过程:

(1)确定基本未知量,画出基本结构。

该刚架有两个刚结点,故结点角位移有两个,用 Z_1、Z_2 表示,显然可以看出结点 2 的转角是逆时针,如图 4.23(a)中虚线所示。为了方便,假定它是顺时针。分别在结点 1、2 处加附加刚臂,得位移法基本结构。

(2)列位移法典型方程。

此刚架有两个刚结点,故其位移法典型方程为

$$r_{11}Z_1 + r_{12}Z_2 + R_{1F} = 0$$
$$r_{21}Z_1 + r_{22}Z_2 + R_{2F} = 0$$

(3)绘制单位弯矩图 $\overline{M}_1$、$\overline{M}_2$ 及荷载弯矩图 M_F,如图 4.23(b)、(c)及(d)所示。其中,

$$i_{1A} = \frac{3EI}{4}$$

$$i_{12} = \frac{5EI}{5} = EI$$

$$i_{2B} = \frac{3EI}{6} = 0.5EI$$

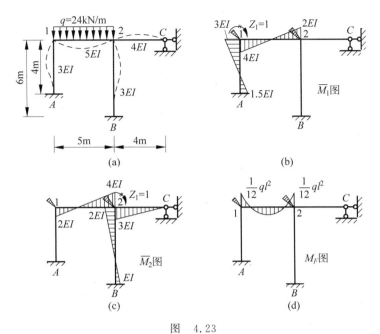

图　4.23

$$i_{2C} = \frac{4EI}{4} = EI$$

计算系数及荷载项。它们都是附加刚臂的反力矩,由相应弯矩图直接读出(读者可截取结点,由 $\sum M = 0$ 验算)。

r_{11} 为 $Z_1 = 1$ 引起刚臂 1 的反力矩。由 $\overline{M}_1$ 图的结点 1 处可读出:

$$r_{11} = 3EI + 4EI = 7EI$$

r_{12} 为 $Z_2 = 1$ 引起刚臂 1 的反力矩,由 $\overline{M}_2$ 图的结点 1 处可读出:

$$r_{12} = 2EI$$

R_{1F} 为荷载引起的刚臂 1 的反力矩,由 M_F 图的结点 1 处可读出:

$$R_{1F} = -\frac{1}{12}ql^2 \text{(杆端力矩 } M_{1F} \text{ 为逆时针方向,故为负)}$$

r_{21}、r_{22}、R_{2F} 分别从 $\overline{M}_1$、$\overline{M}_2$、M_F 图的结点 2 处读出:

$$r_{21} = 2EI = r_{12}$$

$$r_{22} = 4EI + 2EI + 3EI = 9EI$$

$$R_{2F} = \frac{1}{12}ql^2$$

(4) 将全部系数、自由项代入典型方程,有

$$7EIZ_1 + 2EIZ_2 - \frac{1}{12}ql^2 = 0$$

$$2EIZ_1 + 9EIZ_2 + \frac{1}{12}ql^2 = 0$$

解得

$$Z_1 = \frac{9.32}{EI}$$

$$Z_2 = -\frac{7.63}{EI}$$

（5）用叠加法绘制 M 图。

$$M = \overline{M}_1 Z_1 + \overline{M}_2 Z_2 + M_F$$

最终弯矩图如图 4.24 所示。

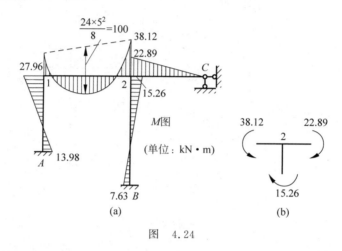

图 4.24

顺便指出，校核结点平衡时，有时会出现所有杆端力矩总和不等于零，而等于一个微小数值的情况，这是计算误差所致，通常是允许的，也可以稍作调整，以满足结点平衡条件 $\sum M = 0$。例如，本题的结点 2 就是如此，如图 4.24(b) 所示。

（6）根据 M 图绘制 F_S 图。

根据弯矩图，可绘出剪力图，本例题以杆件 12 为例再次说明杆端剪力的计算方法。

把杆件 12 取出，如图 4.25(a) 所示，该杆承受的已知力有：均布荷载 q、杆端力矩 M_{12}、杆端力矩 M_{21}。其中 M_{12} 为负值，M_{21} 为正值。

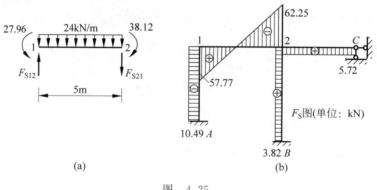

图 4.25

由 $\sum M_1 = 0$，有

$$F_{S21} \times 5 + 38.12 + \frac{1}{2} \times 24 \times 5^2 - 27.96 = 0$$

得

$$F_{S21} = -62.03 \text{kN}$$

由 $\sum M_2 = 0$，有

$$F_{S12} \times 5 + 38.12 - 27.96 - \frac{1}{2} \times 24 \times 5^2 = 0$$

得

$$F_{S12} = 57.97 \text{kN}$$

其余各杆杆端剪力计算从略，剪力图如图 4.25(b) 所示。

(7) 根据 F_S 图绘制 F_N 图。

截取结点 1，如图 4.26(a) 所示，将杆端剪力视为已知力按真实方向画出，由投影方程 $\sum F_x = 0$，$\sum F_y = 0$ 得轴力 F_{N12} 及 F_{N1A}。再截取结点 2，如图 4.26(b) 所示，由投影方程得出 F_{N21}、F_{N2C}、F_{N2B} 的值示于图中。

由计算结果可知，图 4.26(a) 所示刚架结点 1 的转角 Z_1 为正值，说明结点 1 顺时针转动了一个角度；Z_2 为负值，说明结点 2 逆时针转动了一个角度 Z_2。计算符号的正确与否，可用刚架的弹性变形曲线来校对，如图 4.23(a) 中虚线所示，从图上发现结点 1 的转角实际是顺时针，而结点 2 的转角则是逆时针的。

例 4.3 试计算图 4.27(a) 所示刚架，并绘制内力图。

解 解题思路：先取半边结构，再取基本结构，列位移法方程，绘制 $\overline{M}$、M_F 图，求系数 r_{11} 及自由项 R_{1F}，求出 Z_1，绘制 M 图。

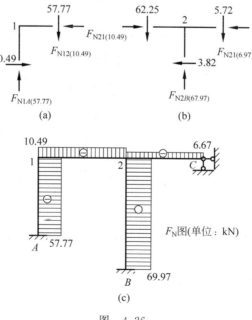

图 4.26

　　解题过程：此刚架为对称结构，且荷载也是对称的，可取图 4.27(b)所示半边刚架进行计算。图 4.27(b)所示刚架的 AB 杆为静定悬臂梁，B 端的弯矩和剪力可由静力平衡条件求得。将它们反向作用于杆件 BC 的 B 端，即得图 4.27(c)所示刚架。

　　图 4.27(c)所示刚架的基本未知量为结点 C 的转角 Z_1，基本结构如图 4.28(a)所示。由于超静定结构在荷载作用下的内力只与各杆的相对刚度有关，为计算方便，可设 EI 等于某一个具体数，现设 $EI=6$，由此算得各杆线刚度 i 的相对值标于图 4.28(a)中。

　　位移法方程为

$$r_{11}Z_1 + R_{1F} = 0$$

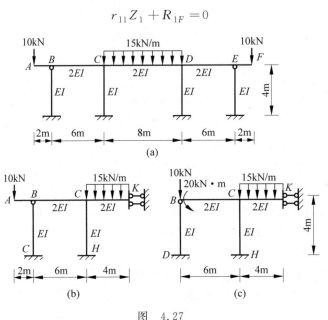

图　4.27

　　为了计算方程中的系数 r_{11} 和自由项 R_{1F}，利用表 4.1、表 4.2，分别作出基本结构在 $Z_1=1$ 及荷载单独作用下的 $\overline{M}_1$ 图和 M_F 图，如图 4.28(b)、(c)所示。再分别取 C 点为脱离体，如图 4.28(b)、(c)右下角所示，利用平衡条件 $\sum M_C = 0$，得

$$r_{11} = 6 + 6 + 3 = 15$$
$$R_{1F} = (-10 - 80)\text{kN} \cdot \text{m} = -90\text{kN} \cdot \text{m}$$

将求得的 r_{11} 和 R_{1F} 值代入位移法方程，有

$$15Z_1 - 90 = 0$$

解得

$$Z_1 = 6$$

　　根据叠加原理，由 $M = \overline{M}_1 Z_1 + M_F$，即可求出各杆的杆端弯矩：

$$M_{BC} = -20\text{kN} \cdot \text{m}$$
$$M_{CB} = (-6 \times 6 + 10)\text{kN} \cdot \text{m} = -26\text{kN} \cdot \text{m}$$
$$M_{CK} = (3 \times 6 - 80)\text{kN} \cdot \text{m} = -62\text{kN} \cdot \text{m}$$
$$M_{KC} = (3 \times 6 + 40)\text{kN} \cdot \text{m} = 58\text{kN} \cdot \text{m}$$
$$M_{CH} = 6 \times 6\text{kN} \cdot \text{m} = 36\text{kN} \cdot \text{m}$$

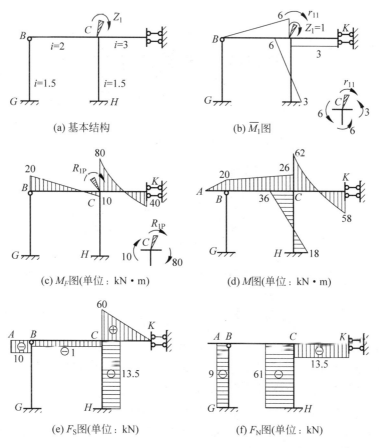

图 4.28

$$M_{HC} = 3 \times 6 \text{kN} \cdot \text{m} = 18 \text{kN} \cdot \text{m}$$

$$M_{BG} = M_{GB} = 0$$

根据杆端弯矩,绘出半边结构的最后弯矩图,如图 4.28(d)所示。取每一杆件为隔离体,由平衡条件可求出各杆端剪力,据此可绘出半边结构的剪力图,如图 4.28(e)所示。取每一结点为隔离体,可求出各杆轴力,据此可绘出半边结构的轴力图,如图 4.28(f)所示。

根据对称结构在对称荷载作用下其内力也对称的特性,可得整个刚架的内力图如图 4.29所示。

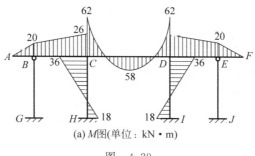

(a) M图(单位：kN·m)

图 4.29

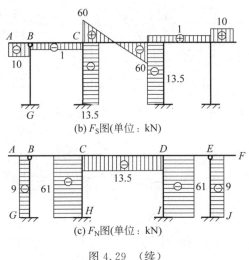

图 4.29   (续)

4.5.2   有侧移刚架的内力计算

一般来讲,有侧移的刚架往往伴有刚结点角位移,也就是说,既有侧移又有刚结点角位移的刚架为一般情况,只有刚结点角位移,或只有侧移的刚架为特殊情况。根据前几节所述,现将用位移法计算刚架一般情况的步骤归纳如下。

(1) 确定基本未知量,即刚结点的角位移和独立的结点线位移。

(2) 建立基本结构。加上附加刚臂阻止刚结点的转动,加上附加链杆控制各结点的移动,即把原结构分隔成若干独立的单跨超静定梁。

(3) 列典型方程。根据基本结构在荷载作用下,和附加约束发生与原结构相同的位移后,每个附加约束的总反力等于零,列出位移法典型方程。

(4) 计算系数和自由项。在基本结构上分别绘出各附加约束发生单位位移时的 $\overline{M}_i$ 图和荷载作用下的 M_F 图,由结点平衡和杆件或部分结构的平衡条件求得系数和自由项。

(5) 解典型方程,求出基本未知量 $Z_1,Z_2,\cdots,Z_n$。

(6) 绘制内力图。按照 $M=\overline{M}_1 Z_1+\overline{M}_2 Z_2+\cdots+\overline{M}_n Z_n+M_F$,叠加出最后弯矩图;根据弯矩图,利用杆件平衡绘制剪力图,根据剪力图,利用结点平衡绘制轴力图。

(7) 校核。由于位移法在确定基本未知量时已满足了变形连续条件,位移法典型方程是静力平衡方程,故通常只需按平衡条件进行校核。

例 4.4   试计算图 4.30(a)所示排架,绘制弯矩图,其中 $EI=$常数,$i=\dfrac{EI}{l}$。

解   解题思路:先取基本结构,再确立基本未知数,绘制 M_F、$\overline{M}_1$ 图,利用平衡条件求系数与自由项,解算出 Z_1 值,再绘制 M 图。

解题过程:此排架只有一个侧移未知量,其基本结构如图 4.30(b)所示。它所对应的位移法典型方程为

$$r_{11}Z_1+R_{1F}=0$$

为了计算方程中的系数 r_{11} 和自由项 R_{1F},利用表 4.1、表 4.2,分别绘制基本结构 $Z_1=1$

及荷载单独作用下的 M_F 图和 $\overline{M}_1$ 图,如图 4.30(c)、(d) 所示。再分别取 BC 杆为隔离体,如图 4.30(e)、(f) 所示,利用平衡条件 $\sum F_x = 0$,得

$$r_{11} = \frac{6EI}{l^3}, \quad R_{1F} = -\frac{3}{8}ql$$

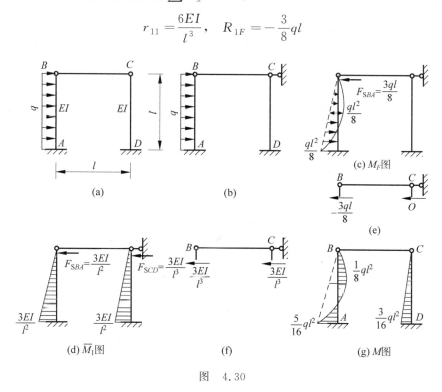

图   4.30

将 r_{11}、R_{1F} 值代入位移法典型方程,有

$$\frac{6EI}{l^3}Z_1 - \frac{3}{8}ql = 0$$

解方程得

$$Z_1 = \frac{ql^4}{16EI}$$

根据 $M = \overline{M}_1 Z_1 + M_F$,即可求出各杆的杆端弯矩:

$$M_{AB} = -\frac{3EI}{l^2} \cdot \frac{ql^4}{16EI} - \frac{ql^2}{8} = -\frac{5ql^2}{16}$$

$$M_{DC} = -\frac{3EI}{l^2} \cdot \frac{ql^4}{16EI} - 0 = -\frac{3ql^2}{16}$$

$$M_{AB} = M_{CD} = 0$$

据此绘制弯矩图,如图 4.30(g) 所示。

例 4.5 试计算图 4.31(a) 所示刚架的弯矩,并绘制弯矩图。

解 解题思路:先取基本结构确定基本未知量,列位移法典型方程,绘制 $\overline{M}_1$、$\overline{M}_2$、M_F 图,求系数与自由项,代入方程求出 Z_1、Z_2,再用叠加法绘制 M 图。

解题过程:

(1) 此刚架有一个独立的结点角位移 Z_1 和一个独立的结点水平位移 Z_2,其基本结构

如图 4.31(b)所示,对应的位移法典型方程为

$$r_{11}Z_1 + r_{12}Z_2 + R_{1F} = 0$$
$$r_{21}Z_1 + r_{22}Z_2 + R_{2F} = 0$$

(2) 为求系数和自由项,分别绘出 $\overline{M}_1$ 图、$\overline{M}_2$ 图和 M_F 图,如图 4.31(c)、(d)、(e) 所示。取 $\overline{M}_1$ 图中结点 C 为隔离体,如图 4.31(f) 所示,利用 $\sum M_C = 0$ 得

$$r_{11} = 3i + 4i = 7i$$

取 $\overline{M}_2$ 图中杆件 BC 为脱离体,如图 4.31(g) 所示,利用 $\sum F_x = 0$,得

$$r_{22} = \frac{3i}{16} + \frac{3i}{4} = \frac{15i}{16}$$

取 $\overline{M}_2$ 图中结点 C 为脱离体,利用 $\sum M_C = 0$,得

$$r_{21} = r_{12} = -\frac{3i}{2}$$

取 M_F 图中杆件 BC 为隔离体,如图 4.31(h) 所示,利用 $\sum F_x = 0$,得

$$R_{2F} = -\frac{3ql}{8} - 30 = \left(-\frac{3 \times 20 \times 4}{8} - 30 \right) \text{kN} = -60 \text{kN}$$

取 M_F 图中结点 C 为隔离体,利用 $\sum M_C = 0$,得

$$R_{1F} = 0$$

将以上求出的 r_{11}、r_{12}、R_{1F}、R_{2F} 值代入位移法典型方程得

$$7iZ_1 - \frac{3i}{2}Z_2 = 0$$

$$-\frac{3i}{2}Z_1 + \frac{15i}{16}Z_2 - 60 = 0$$

解方程得

$$Z_1 = \frac{480}{23i}, \quad Z_2 = \frac{2\,240}{23i}$$

(3) 绘制 M 图。

根据 $M = \overline{M}_1 Z_1 + \overline{M}_2 Z_2 + M_F$,求得各杆端弯矩为

$$M_{AB} = -\frac{3i}{4} \cdot \frac{2\,240}{23i} - 40 \approx -113 \text{kN} \cdot \text{m}$$

$$M_{BA} = M_{BC} = 0$$

$$M_{CB} = 3i \cdot \frac{480}{23i} \approx 62.6 \text{kN} \cdot \text{m}$$

$$M_{CD} = 4i \cdot \frac{480}{23i} - \frac{3i}{2} \cdot \frac{2\,240}{23i} \approx -62.6 \text{kN} \cdot \text{m}$$

$$M_{DC} = 3i \cdot \frac{480}{23i} - \frac{3i}{2} \cdot \frac{2\,240}{23i} \approx -83.5 \text{kN} \cdot \text{m}$$

根据上面杆端弯矩绘制 M 图,如图 4.31(i)所示。

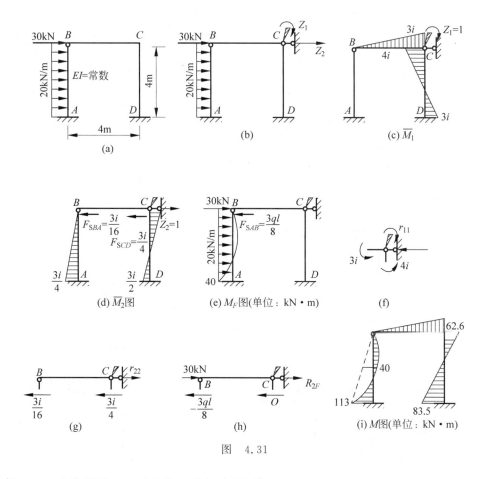

图　4.31

例 4.6　试绘制图 4.32(a)所示刚架的 M 图。

解　解题思路：先取半边结构，再按半边结构计算，绘制 M 图，最后绘出整体结构 M 图。

解题过程：此刚架为对称刚架，而荷载不对称。首先将图 4.32 所示刚架的荷载分解成对称荷载和反对称荷载，如图 4.32(b)、(c)所示。其中图 4.32(b)所示为对称刚架，并在对称荷载作用下，且此对称荷载都与杆件轴线分别重合，故各杆均不产生弯矩和剪力，只有轴力，CD 杆轴力 $F_{NCD} = F_{NDC} = -15\text{kN}$，$AB$、$CB$ 杆轴力分别为 $F_{NAB} = F_{NBA} = -15\text{kN}$，$F_{NBC} = F_{NCB} = -25\text{kN}$。因此图 4.32(c)所示对称刚架在反对称荷载作用下的弯矩图，即为图 4.32(a)所示刚架的弯矩图。利用结构的对称性可取图 4.32(c)所示的半边刚架进行计算。

图 4.33(a)所示刚架，基本未知数为结点的转角 Z_1 和结点 E 的水平线位移 Z_2，其对应的基本结构如图 4.33(b)所示。

为了计算系数和自由项，绘制 $\overline{M}_1$ 图、$\overline{M}_2$ 图和 M_F 图，如图 4.33(c)、(d)、(e)所示。取 $\overline{M}_1$ 图中结点 B 为脱离体，如图 4.33(f)所示，利用 $\sum M_B = 0$，得 $r_{11} = 4i + 6i = 10i$。取 $\overline{M}_2$ 图中 ABE 部分为脱离体，如图 4.33(g)所示，由 $\sum F_x = 0$，得 $r_{22} = \dfrac{i}{12}$。取 $\overline{M}_2$ 图中结点 B

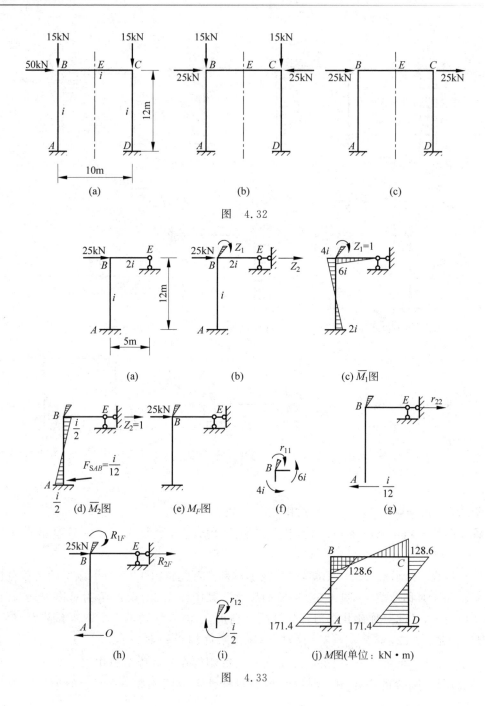

图　4.32

图　4.33

为脱离体,如图4.33(i)所示,由$\sum M_B=0$,得$r_{21}=-\dfrac{i}{2}$。取M_F图中ABE部分为脱离体,如图4.33(h)所示,由$\sum F_x=0$,得$R_{2F}=-25\text{kN}$。

取M_F图中结点B为脱离体,由$\sum M_B=0$,得$R_{1F}=0$。

将前面求出的系数和自由项值代入位移法典型方程得

$$10iZ_1-\frac{i}{2}Z_2=0$$

$$-\frac{i}{2}Z_1+\frac{i}{12}Z_2-25=0$$

求解方程得

$$Z_1=\frac{150}{7i},\quad Z_2=\frac{3\,000}{7i}$$

利用 $M=\overline{M}_1Z_1+\overline{M}_2Z_2+M_F$，求得各杆的杆端弯矩为

$$M_{AB}=2i\times\frac{150}{7i}-\frac{i}{2}\times\frac{3\,000}{7i}\approx-171.4\text{kN}\cdot\text{m}$$

$$M_{CD}=4i\times\frac{150}{7i}-\frac{i}{2}\times\frac{3\,000}{7i}\approx-128.6\text{kN}\cdot\text{m}$$

$$M_{BE}=6i\times\frac{150}{7i}\approx128.6\text{kN}\cdot\text{m}$$

对称结构取半边结构计算，绘制 M 图的方法为：先绘出所计算的半边结构的 M 图，然后根据对称结构在反对称荷载作用下弯矩也应是反对称的关系绘出整个结构的 M 图，如图 4.33(j)所示。

4.6 直接由平衡条件建立位移法方程

位移法方程的建立方法有两种，一种是前面讨论过的典型方程法，另一种方法是根据结点和截面的平衡条件建立位移法方程，通常称为**直接平衡法**。

由于位移法方程的实质是静力平衡方程，因此可以不用基本体系，直接利用转角位移方程，用杆端位移表示各根杆件的杆端力，然后根据各杆端力应满足的平衡条件建立相应的平衡方程，这些方程就是位移法的基本方程。这一方法思路清晰，过程简洁，也便于掌握。现通过下面例题具体说明直接平衡法计算超静定结构的步骤。

例 4.7 试绘制图 4.34(a)所示连续梁的弯矩图。各杆 $EI=$ 常数。

解 解题思路：先确定基本未知量，再列转角位移方程，取结点为脱离体列位移法方程，求出 $EI\theta_B$，再求各杆端弯矩，绘制 M 图。

解题过程：

(1) 确定基本未知量。

只有结点 B 是刚性结点，故取 θ_B 为基本未知量。

(2) 建立转角位移方程。

为了简便起见，可由表 4.1 和表 4.2 查出由杆端位移产生的杆端弯矩和由荷载产生的固端弯矩，将其相叠加，直接得转角位移方程为

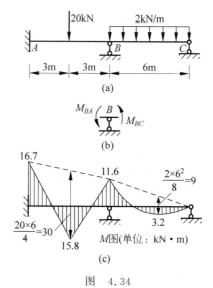

图 4.34

$$\begin{cases} M_{AB} = 2i\theta_B - \dfrac{1}{8}Fl = \dfrac{1}{3}EI\theta_B - \dfrac{1}{8} \times 20 \times 6 = \dfrac{1}{3}EI\theta_B - 15 \\[2mm] M_{BA} = 4i\theta_B + \dfrac{1}{8}Fl = \dfrac{2}{3}EI\theta_B + \dfrac{1}{8} \times 20 \times 6 = \dfrac{2}{3}EI\theta_B + 15 \\[2mm] M_{BC} = 3i\theta_B - \dfrac{1}{8}ql^2 = \dfrac{1}{2}EI\theta_B - \dfrac{1}{8} \times 2 \times 6^2 = \dfrac{1}{2}EI\theta_B - 9 \end{cases} \quad (a)$$

（3）建立位移法基本方程求结点位移。

取结点 B 为脱离体，绘出结点平衡图如图4.34(b)所示。由 $\sum M_B = 0$ 得 $M_{BA} + M_{BC} = 0$，将式(a)相应的值代入得

$$\frac{2}{3}EI\theta_B + 15 + \frac{1}{2}EI\theta_B - 9 = 0$$

$$\frac{7}{6}EI\theta_B + 6 = 0$$

$$EI\theta_B = -\frac{36}{7}$$

（4）计算各杆的杆端弯矩。

将 $EI\theta_B$ 的数值代入转角位移方程得各杆端弯矩为

$$M_{AB} = \left[\frac{1}{3} \times \left(-\frac{36}{7}\right) - 15\right] \text{kN} \cdot \text{m} \approx -16.7 \text{kN} \cdot \text{m}$$

$$M_{BA} = \left[\frac{2}{3} \times \left(-\frac{36}{7}\right) + 15\right] \text{kN} \cdot \text{m} \approx 11.6 \text{kN} \cdot \text{m}$$

$$M_{BC} = \left[\frac{1}{2} \times \left(-\frac{36}{7}\right) - 9\right] \text{kN} \cdot \text{m} \approx -11.6 \text{kN} \cdot \text{m}$$

$$M_{CB} = 0$$

（5）绘制弯矩图。

根据求得的杆端弯矩及各杆所承受的荷载，绘制弯矩图如图4.34(c)所示。

例4.8　试绘制图4.35(a)所示刚架的内力图。各杆 EI ＝常数。

解　解题思路：确定基本未知量，利用转角位移方程列杆端弯矩表达式，取脱离体，画受力图，列平衡方程，求基本未知数，求杆端弯矩，绘制 M 图。

解题过程：

(1)确定基本未知量。

只有刚结点 B 一个基本未知量 θ_B。

(2)建立各单元杆的转角位移方程式。

由表4.1、表4.2查得由杆端位移产生的杆端弯矩和由荷载产生的固端弯矩，将其相叠加，得转角位移方程为

$$\begin{aligned} M_{BA} &= 3i\theta_B + \frac{ql^2}{8} = 3i\theta_B + \frac{1}{8} \times 2.5 \times 4^2 = 3i\theta_B + 5 \\[2mm] M_{BC} &= -Fl = -10 \times 4 \text{kN} \cdot \text{m} = -40 \text{kN} \cdot \text{m} \\[2mm] M_{BD} &= 4i\theta_B \\[2mm] M_{DB} &= 2i\theta_B \end{aligned} \quad (a)$$

（3）建立位移法基本方程，求结点位移。

取结点 B 为脱离体绘制受力图如图 4.35(b) 所示。由 $\sum M_B = 0$ 得

$$M_{BA} + M_{BD} + M_{BC} = 0$$

即

$$3i\theta_B + 5 + 4i\theta_B - 40 = 0$$

解得

$$\theta_B = \frac{5}{i}$$

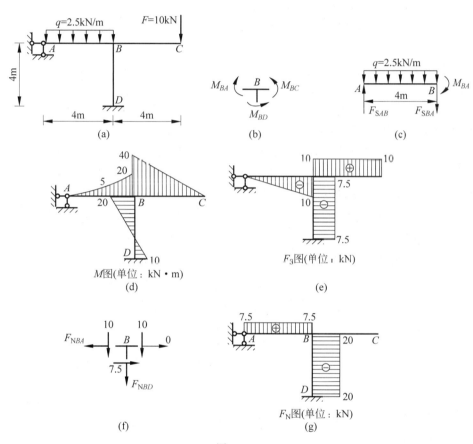

图　4.35

（4）计算各杆的杆端弯矩，绘制弯矩图。

① 将求得的 θ_B 值代入各杆端转角位移方程式，以求得杆端弯矩值：

$$\begin{cases} M_{BA} = 3i \times \dfrac{5}{i} + 5 = 20\text{kN} \cdot \text{m} \\[2mm] M_{BC} = -40\text{kN} \cdot \text{m} \\[2mm] M_{BD} = 4i \times \dfrac{5}{i} = 20\text{kN} \cdot \text{m} \\[2mm] M_{DB} = 2i \times \dfrac{5}{i} = 10\text{kN} \cdot \text{m} \end{cases} \tag{b}$$

② 绘制弯矩图。

首先将各杆杆端弯矩画在受拉边,然后以每根杆为单元绘制弯矩图。其中:

BD 杆段:无荷载作用,弯矩图是斜线,联结杆端弯矩即得 BC 杆段的弯矩图。

BC 杆段:是悬臂梁段,荷载作用在杆端,弯矩图也是斜线,且 C 端弯矩 $M_{CB}=0$。连接杆端弯矩得 BC 段弯矩图。

BA 杆段:由于均布荷载作用,其弯矩图是一条抛物线,故计算 BA 杆跨中截面 E 的弯矩或计算该段的最大弯矩。由图 4.35(d)可得跨中弯矩为

$$M_{中}=\frac{ql^2}{8}-\frac{20}{2}=\left(\frac{1}{8}\times 2.5\times 4^2-10\right) \text{kN}\cdot\text{m}=-5\text{kN}\cdot\text{m}$$

将杆端及跨中三个截面的各弯矩连成光滑曲线,绘制 BA 段的弯矩图如图 4.35(d)所示。

(5) 绘制剪力图。

根据各杆段的杆端弯矩及作用在该杆段上的荷载,逐杆求出杆端剪力绘制剪力图。由图 4.35(a)、(d)可进行如下分析。

BC 杆段:是悬臂杆段,其各截面剪力均等于 10kN。

BD 杆段:其上无荷载作用,其各截面的剪力也是常数。

$$F_{SBD}=-\frac{\sum M_{杆端}}{l}=-\frac{20+10}{4}\text{kN}=-7.5\text{kN}$$

BA 杆段:其上作用有均布荷载,剪力图应是一条斜直线。其杆端剪力可由图 4.35(c)根据平衡条件求得。

由 $\sum M_A=0$ 得

$$F_{SBA}l+M_{BA}+\frac{ql^2}{2}=0$$

$$F_{SBA}=-\frac{M_{BA}}{l}-\frac{ql^2}{2}=-10\text{kN}$$

由 $\sum M_B=0$ 得

$$F_{SAB}=0$$

最后绘制剪力图如图 4.35(e)所示。

(6) 绘制轴力图。

利用结点的平衡条件,由杆端剪力求出各杆杆端轴力绘制轴力图。由图 4.35(a)可见 BC 杆段是悬臂梁段且荷载与杆轴相垂直,因此,其各截面轴力相等,且等于零。为确定 BA、BD 杆段轴力,画 B 结点受力图如图 4.35(f)所示,其杆端剪力数值由剪力图求得,且为了简单起见,未画出杆端弯矩值。

由 $\sum F_x=0$ 得

$$F_{SBA}=7.5\text{kN}(拉)$$

由 $\sum F_y=0$ 得

$$F_{SBD}=-20\text{kN}(压)$$

最后绘制轴力图如图 4.35(g)所示。

例 4.9　绘制如图 4.36(a)所示刚架的 M 图。

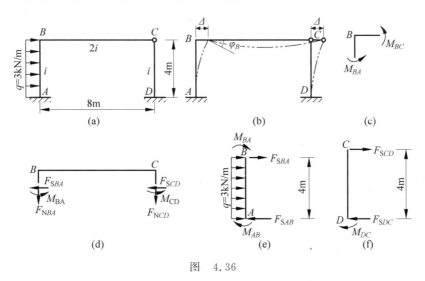

图　4.36

解　解题思路:确定基本未知量,利用转角位移方程列杆端弯矩表达式,取脱离体画受力图,列平衡方程,求出基本未知量,再求各杆端弯矩,绘制 M 图。

解题过程:

(1) 确定基本未知量。

此刚架有两个基本未知量,结点 B 的角位移 Q_B 和水平位移 Δ(向右)。

(2) 列出各杆杆端弯矩表达式。

$$\begin{cases} M_{AB} = 2i_{AB}\theta_B - \dfrac{6i_{AB}}{l_{AB}}\Delta - \dfrac{q}{12}l^2 = 2i\theta_B - \dfrac{3}{2}i\Delta - 4 \\[2mm] M_{BA} = 4i_{AB}\theta_B - \dfrac{6i_{AB}}{l_{AB}}\Delta + \dfrac{q}{12}l^2 = 4i\theta_B - \dfrac{3}{2}i\Delta + 4 \\[2mm] M_{BC} = 3i_{BC}\theta_B = 6i\theta_B \\[2mm] M_{DC} = -\dfrac{3i_{DC}\Delta}{l_{DC}} = -\dfrac{3}{4}i\Delta \end{cases} \tag{a}$$

(3) 建立位移法方程。

① 取结点 B 为脱离体,如图 4.36(c) 所示,由 $\sum M_B = 0$ 得

$$M_{BA} + M_{BC} = 0 \tag{b}$$

将式(a)中的 M_{BA}、M_{BC} 代入式(b),整理得

$$10i\theta_B - 1.5i\Delta + 4 = 0 \tag{c}$$

② 取横梁 BC 为隔离体,如图 4.36(d) 所示,建立水平投影方程

$$\sum F_x = 0, \quad F_{SBA} + F_{SCD} = 0 \tag{d}$$

由式(a)所示杆端弯矩表达式求得杆剪力表达式。分别取柱 AB 和 CD 为脱离体,如图 4.36(e)、(f) 所示,由力矩平衡方程 $\sum M_A = 0$,有

$$F_{SBA} = -\frac{1}{4}(M_{AB} + M_{BC}) - 6 \tag{e}$$

由 $\sum M_D = 0$,有

$$F_{SCD} = -\frac{1}{4} M_{DC} \qquad (f)$$

将式(e)和式(f)代入式(d),得

$$-\frac{1}{4}(M_{AB} + M_{BC} + M_{DC}) - 6 = 0$$

再利用式(a)并整理得

$$8i\theta_B - \frac{9}{4}i\Delta + 20 = 0 \qquad (g)$$

(4) 将方程(c)、(g)联立,求解可得基本未知量:

$$\theta_B = \frac{2}{i}, \quad \Delta = \frac{16}{i} \qquad (h)$$

(5) 将式(h)中 θ_B、Δ 代入式(a),可得杆端弯矩:

$$M_{AB} = 2 \times 2 - \frac{3i}{2} \times \frac{16}{i} - 4 = -24\text{kN} \cdot \text{m}$$

$$M_{BA} = 4i \times \frac{2}{i} - \frac{3}{2}i \times \frac{16}{i} + 4 = -12\text{kN} \cdot \text{m}$$

$$M_{BC} = 6i \times \frac{2}{i} = 12\text{kN} \cdot \text{m}$$

$$M_{DC} = -\frac{3}{4}i \times \frac{16}{i} = -12\text{kN} \cdot \text{m}$$

(6) 绘制 M 图。M 图如图 4.37 所示。

由以上计算步骤可知,利用转角位移方程直接建立平衡方程的方法与用基本体系建立位移法方程的方法在原理上是完全相同的,只是表现形式不同。杆端弯矩表达式实际上就是基本体系各杆在基本未知量和荷载共同作用下的弯矩叠加公式,它已经将荷载的基本未知量的作用综合在一起。

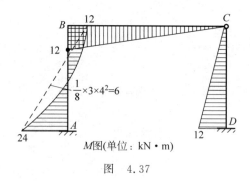

图 4.37

复习思考题

1. 位移法的基本未知量指的是什么? 怎样确定位移法的基本未知量?
2. 位移法的基本未知量与超静定次数有无关系? 用位移法最适合解决什么样的结构

问题？

3. 在推导位移法的典型方程时，哪些地方使用了变形连续条件？哪些地方使用了平衡条件？

4. 位移法方程有哪两种建立方法？它们的实质是什么？

5. 位移法典型方程中的系数和自由项分哪两类？其物理意义是什么？怎样计算它们？

6. 杆端弯矩的正负号是怎样规定的？结点角位移和结点线位移的反力正负是怎样规定的？

7. 什么是典型方程的主系数？什么是典型方程的副系数？它们各有什么特点和物理意义？

8. 在对超静定刚架进行计算时，静定结构部分怎样处理？

9. 试确定图 4.38 所示结构，用位移法计算时的基本未知量数目与基本结构。

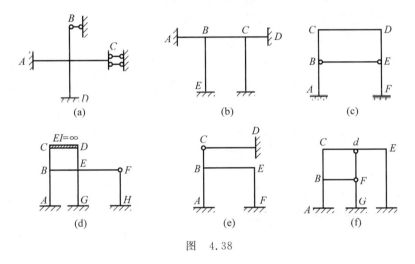

图　4.38

10. 利用结构对称简化如图 4.39 所示结构。图（a）（b）（c）各杆的抗弯刚度皆为 EI，图（d）各杆的抗弯刚度皆为 $2EI$。

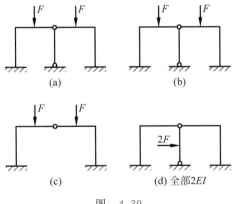

图　4.39

练习题

1. 用位移法计算图 4.40 所示单结点超静定梁,并绘制弯矩图和剪力图。

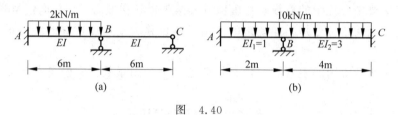

图　4.40

2. 用位移法计算图 4.41 所示单结点刚架,并绘制弯矩图。
3. 用位移法计算图 4.42 所示刚架,并绘制弯矩图、剪力图与轴力图。

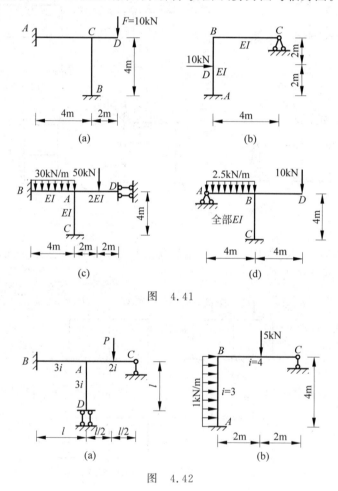

图　4.41

图　4.42

4. 用位移法计算图 4.43 所示结构,并绘制 M 图。

5. 对于如图 4.44 所示结构,用位移法中的直接列平衡方程法计算梁、刚架,并绘制 M 图。

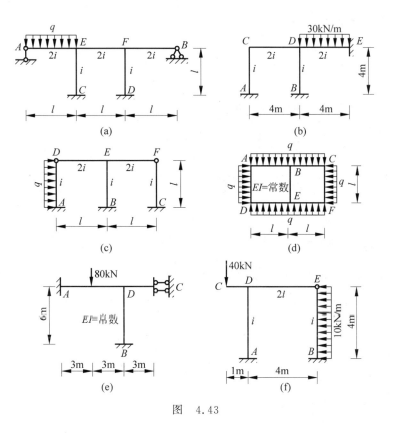

图　4.43

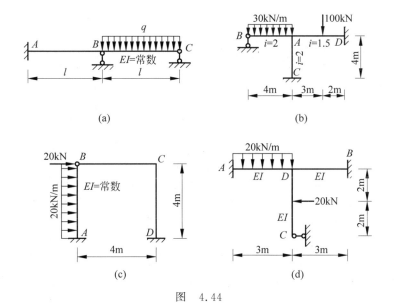

图　4.44

练习题参考答案

1. (a) $M_{BA} = 2.57 \text{kN} \cdot \text{m}$;   (b) $M_{AB} = -2.67 \text{kN} \cdot \text{m}$。

2. (a) $M_{AC} = 5 \text{kN} \cdot \text{m}$;   (b) $M_{AB} = -6.43 \text{kN} \cdot \text{m}$;

   (c) $M_{BA} = 20 \text{kN} \cdot \text{m}$;   (d) $M_{AB} = 55.5 \text{kN} \cdot \text{m}$。

3. (a) $M_{AB} = \dfrac{12}{112} Fl$;   (b) $M_{BA} = 1.39 \text{kN} \cdot \text{m}$。

4. (a) $M_{EA} = 0.0897 ql^2$;   (b) $M_{DB} = -\dfrac{160}{7} \text{kN} \cdot \text{m}$;

   (c) $M_{AD} = -\dfrac{11}{56} ql^2$;   (d) $M_{AD} = \dfrac{ql^2}{12}$;

   (e) $M_{DA} = 36 \text{kN} \cdot \text{m}$;   (f) $M_{DA} = 10.5 \text{kN} \cdot \text{m}$。

5. (a) $M_{BA} = \dfrac{ql^2}{14}$;   (b) $M_{AB} = 55.4 \text{kN} \cdot \text{m}$;

   (c) $M_{AB} = 113 \text{kN} \cdot \text{m}$;   (d) $M_{AD} = -37.5 \text{kN} \cdot \text{m}$。

第 5 章

力矩分配法

本章学习目标

- 了解力矩分配法的基本思路,掌握力矩分配法的基本概念。
- 掌握单结点与多结点的力矩分配法。
- 会绘制连续梁的内力包络图。

力矩分配法是在位移法的基础上发展起来的一种实用计算方法,它不需要解算联立方程组,并且可直接求得杆端弯矩而不必计算结点位移。这种方法特别适用于计算连续梁和无结点线位移刚架。由于计算简便,此法在结构计算中得到广泛应用。

5.1 力矩分配法的基本概念

5.1.1 力矩分配法的基本思路

设有两跨连续梁 ABC,承受一个集中荷载 F,如图 5.1(a)所示。用力矩分配法计算时,首先要取基本结构,其基本结构的取法与位移法相同。计算时这个结构可以看作在结点 B 处可以转动但不能移动,因此只需在结点 B 处加一个附加刚臂"▽",即构成基本结构,如图 5.1(b)所示。其次将荷载置于基本结构上,求 AB、BC 两段杆件的固端弯矩。然后利用结点 B 的力矩平衡条件求得 B 点处的约束力矩 R_{BF}。下一步就要转动结点 B 消除 R_{BF},以使基本结构符合实际。以上概念是与位移法中的附加约束法完全相同的,但在消除 R_{BF} 的方法上却与位移法显然不同。

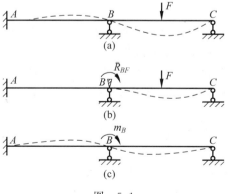

图 5.1

在结点 B 上施加与 R_{BF} 大小相等而方向相反的力矩 m_B,迫使连续梁产生如图 5.1(c) 所示的变形,同时使两个杆件产生新的弯矩。把图 5.1(c)情况下的弯矩与图 5.1(b)情况下的弯矩叠加,就得到实际结构(见图 5.1(a))的弯矩。

由此可知,用力矩分配法解题的基本思路是:首先在刚结点处设置约束转动的**附加刚臂**,使之产生约束力矩以阻止转动,然后放松约束,即在刚结点处施加与约束力矩大小相等而方向相反的力矩,以抵消约束力矩的影响,并使结点发生转动。

图 5.1(a)所示连续梁只有一个结点,放松约束后即完成了计算。对于多结点情况,要多次反复设置约束及放松约束。尽管如此,由于每一步的计算都很简单,所以力矩分配法仍为常用的方法之一。

由于力矩分配法是以位移法为基础的,因此本章中的基本结构及有关的正负号规定等均与位移法相同。如杆端弯矩正负仍规定为:**对杆端而言,以顺时针转动为正,逆时针转动为负;对结点或支座而言,则以逆时针转动为正,顺时针转动为负**;而结点上的外力矩仍以顺时针转动为正等。

5.1.2　力矩分配法的基本概念

在力矩分配法的基本思路中,有三个重要的基本概念,即转动刚度、分配系数与传递系数。

1. 转动刚度 S

对于任意支承形式的单跨超静定梁 iK,为使某一端(设为 i 端)产生角位移 θ_i,须在该端施加一力矩 M_{iK},当 $\theta_i=1$ 时所须施加的力矩称为 iK 杆在 i 端的**转动刚度**,用 S_{iK} 表示,其中 i 端为施力端,称为**近端**,而 K 端则称为**远端**,如图 5.2(a)所示。同理,使 iK 杆 K 端产生单位转角位移 $\theta_K=1$ 时所须施加的力矩应为 iK 杆 K 端的转动刚度,用 S_{Ki} 表示,如图 5.2(b)所示。

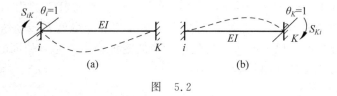

图　5.2

当近端转角 $\theta_i \neq 1$(或 $\theta_K \neq 1$)时,必有 $M_{iK}=S_{iK}\theta_i$(或 $M_{Ki}=S_{Ki}\theta_K$)。

由位移法所建立的单跨超静定梁的转角位移方程知,杆件的转动刚度 S_{iK} 除了与杆件的线刚度 i 有关外,还与杆件的远端(即 K 端)的支承情况有关。图 5.3 中分别给出不同远端支承情况下的杆端转动刚度 S_{Aj} 的表达式,可以直接查用。

2. 分配系数

在结点上施加力矩强迫结点转动时,与此结点联结的各杆必将产生变形和内力。为了计算此时各杆端弯矩,引入分配系数的概念。图 5.4 表示只有一个结点的简单刚架,设有力矩 m_A 施于刚结点 A,并使其发生转角 θ_A,然后达到平衡状态。由转动刚度的定义知各杆在 A 端的弯矩为

$$\begin{cases} M_{AB} = S_{AB}\theta_A = 4i_{AB}\theta_A \\ M_{AC} = S_{AC}\theta_A = 4i_{AC}\theta_A \\ M_{AD} = S_{AD}\theta_A = 3i_{AD}\theta_A \end{cases} \tag{a}$$

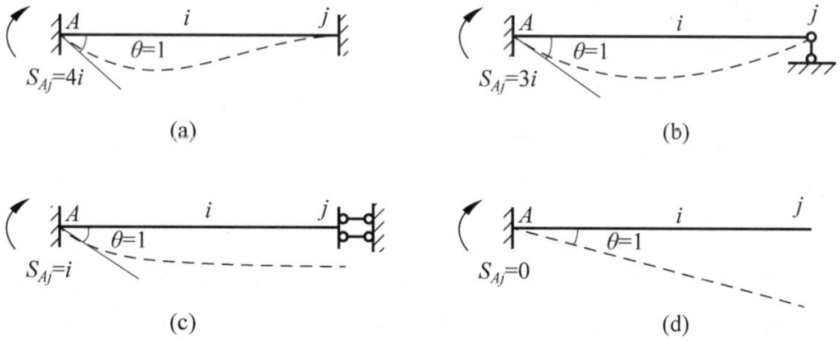

(a)　　　　　　　　　(b)

(c)　　　　　　　　　(d)

图　5.3

(a)　　　　　　　　　(b)

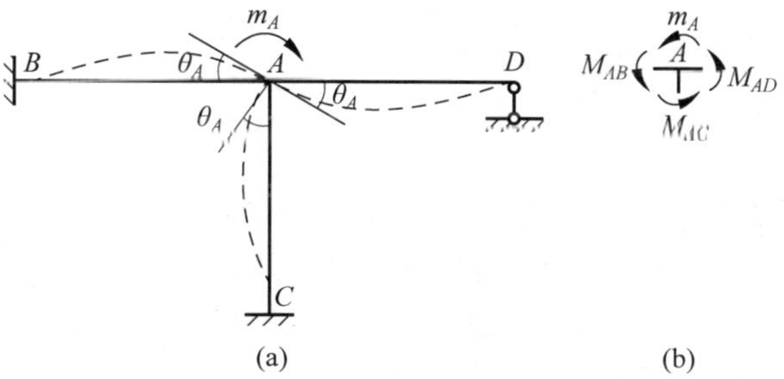

图　5.4

由结点 A 的力矩平衡方程得

$$S_{AB}\theta_A + S_{AC}\theta_A + S_{AD}\theta_A = m_A$$

故有

$$\theta_A = \frac{m_A}{\sum S_A} \tag{5-1}$$

此处 $\sum S_A$ 表示汇交于 A 点各杆的 A 端转动刚度之和。得到了 θ_A 的值,即可由式(a)求出各杆 A 端弯矩:

$$\begin{cases} M_{AB} = \dfrac{S_{AB}}{\sum S_A} m_A \\ \\ M_{AC} = \dfrac{S_{AC}}{\sum S_A} m_A \\ \\ M_{AD} = \dfrac{S_{AD}}{\sum S_A} m_A \end{cases} \tag{5-2}$$

或写作

$$M_{Ai} = \mu_{Ai} m_A \tag{5-3}$$

其中 μ_{Ai} 为分配系数,按下式计算:

$$\mu_{Ai} = \frac{S_{Ai}}{\sum S_A} \tag{5-4}$$

由此可知,各杆在 A 端的弯矩的数值与其转动刚度成正比,并且它们的和等于在结点上施加的力矩。力矩分配时,各杆所得到的 A 端弯矩称为**分配弯矩**。所谓分配弯矩,也就是为使结点转动而在结点上施加的力矩,即按杆件的转动刚度的大小分配各杆端的力矩。式(5-4)中的 μ_{Ai} 称为**力矩分配系数**,例如 μ_{AB} 为 AB 杆在结点 A 的分配系数,它等于 AB 杆 A 端的转动刚度除以汇交于 A 点各杆的 A 端转动刚度之和,显然它只依赖于各杆的转动刚度的相对值,而与施加于结点上的力矩的大小及正负无关。综上所述,在力矩分配时只要知道各杆的转动刚度即可由式(5-4)算出力矩分配系数,于是可由式(5-3)求出杆端弯矩,至于结点转角 θ_i 的数值可不必算出。对于只需计算内力而不需求出结点位移的问题来说,这是力矩分配法比位移法优越之处。

一个结点,例如结点 A 处的各杆的分配系数应满足下式:

$$\sum \mu_{Ai} = 1$$

即在该结点处的各分配系数之和等于 1。

3. 传递系数

对于单跨超静定梁而言,当一端发生转角而产生弯矩时(称为近端弯矩),其另一端即远端一般也将产生弯矩(称为远端弯矩),如图 5.5 所示。**通常将远端弯矩与近端弯矩的比值称为杆件由近端向远端的传递系数**,用 C 表示。图 5.5 所示梁 AB 由 A 端向 B 端的传递系数为

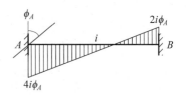

图　5.5

$$C_{AB} = \frac{M_{BA}}{M_{AB}} = \frac{2i\phi_A}{4i\phi_A} = \frac{1}{2}$$

显然,对不同的远端支承情况,其传递系数也将不同,如表 5.1 所示。

表 5.1　传递系数表

单跨梁 A 端产生单位转角时 M 图	远端支承情况	传递系数 C_{AB}
	固定	$\dfrac{1}{2}$
	铰支	0
	滑动	-1

各杆近端的分配弯矩乘以传递系数,传到远端的弯矩称为**传递弯矩**,用符号 M_{AB}^C 表示。即

$$M_{AB}^C = CM_{AB}^\mu \tag{5-5}$$

其中,M_{AB}^μ 称为**分配弯矩**。

5.2　单结点的力矩分配法

按计算方法来分力矩分配法,可分为单结点的力矩分配法与多个结点的力矩分配法,其计算的基本思路是一样的。下面通过图 5.6 所示的两跨连续梁来说明单结点力矩分配法的计算步骤。

首先,在结点 B 加一阻止其转动的附加刚臂,然后承受荷载的作用,如图 5.6(b)所示,这样原结构分隔成两个单跨超静定梁 AB 和 BC。这时各杆杆端将产生固端弯矩,其值可由表 4.1 查得。取结点 B 为脱离体,如图 5.6(c)所示,由结点 B 的力矩平衡条件,即可求得附加刚臂阻止结点 B 转动而发生的**约束力矩**

$$M_B = M_{BA} + M_{BC}$$

写成一般形式为

$$M_B = \sum M_{Bj} \tag{5-6}$$

即约束力矩等于汇交于结点 B 的各杆端的固端弯矩的代数和,它也是各固端弯矩所不能平衡的差额,故又称为结点的**不平衡力矩**,规定以顺时针转向为正。这样,结点不平衡力矩用文字表达为

结点不平衡力矩＝结点各杆固端弯矩的代数和

其次,比较图 5.6(b)与原结构的受力情况可知,其差别仅在于结点 B 多了一个不平衡力矩 M_B,为使它的受力情况与原结构一致,必须在结点 B 加一个反向的力矩以消除不平衡力矩 M_B,如图 5.6(d)所示(图中用 $-M_B$ 表示)。此时,即结点 B 作用了反号的不平衡力矩 $-M_B$,其中分配弯矩(见图 5.6(e))为

$$M_{BA}^\mu = \mu_{BA} \cdot (-M_B)$$

$$M_{BC}^\mu = \mu_{BC} \cdot (-M_B)$$

写成一般形式为

$$M_{Bj}^\mu = \mu_{Bj} \cdot (-M_B) \tag{5-7}$$

式(5-7)用文字表达为

分配弯矩＝分配系数×不平衡力矩的负值

而传递弯矩为

$$M_{AB}^C = C_{BA} M_{BA}^\mu$$

$$M_{CB}^C = C_{BC} M_{BC}^\mu$$

写成一般形式为

$$M_{kB}^C = C_{Bk} M_{Bk}^\mu \tag{5-8}$$

式(5-8)用文字表达为

传递弯矩＝传递系数×分配弯矩

由上述分析可知图 5.6(a)等于图 5.6(b)叠加图 5.6(d),故原结构的各杆端最终弯矩应等于各杆端相应的固端弯矩、分配弯矩与传递弯矩的代数和。其整个计算过程的关键在于力矩分配,故称这种方法为**力矩分配法**。

单结点力矩分配的计算步骤可以形象地归纳为三步。

(1) 固定(锁住)结点。加入刚臂,此时各杆端有固端弯矩,而结点上有不平衡力矩,它暂时由刚臂承担。通常为了简化计算,也可不具体在原结构上画出附加刚臂。

(2) 放松结点。即取消刚臂,使结构恢复到原来状态。这相当于在结点上加入一个反号的不平衡力矩,于是不平衡力矩被取消而结点获得平衡,此时各杆近端获得分配弯矩,而远端获得传递弯矩。

(3) 将结构在固定时的固端弯矩与在放松时的分配弯矩和传递弯矩叠加起来,就得到原结构中的杆端弯矩,将杆端弯矩与将各杆看成简支梁时在荷载作用下的弯矩相叠加,即得结构最终弯矩图。

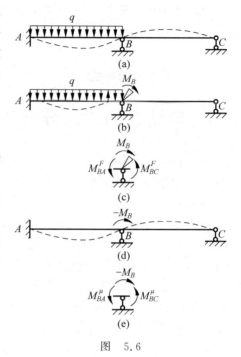

图　5.6

例 5.1　用力矩分配法绘制图 5.7 所示连续梁的弯矩图。

解　解题思路:先计算分配系数、固端弯矩、不平衡力矩,进行分配与传递,再计算最终杆端弯矩,绘制 M 图。

解题过程:用力矩分配法计算时,可将全过程在一个表格上进行,如图 5.7 所示。

(1) 计算分配系数。

在荷载作用下,计算内力可以用相对刚度,设 $EI=1$,转动刚度

$$S_{BA} = 4i_{BA} = \frac{4}{6} = \frac{2}{3}$$

$$S_{BC} = 3i_{BC} = \frac{3}{6} = \frac{1}{2}$$

分配系数(用式(5-4)计算)

$$\mu_{BA} = \frac{S_{BA}}{S_{BA}+S_{BC}} = \frac{\dfrac{2}{3}}{\dfrac{2}{3}+\dfrac{1}{2}} \approx 0.571$$

$$\mu_{BC} = \frac{S_{BC}}{S_{BA}+S_{BC}} = \frac{\dfrac{1}{2}}{\dfrac{2}{3}+\dfrac{1}{2}} \approx 0.429$$

校核:$\mu_{BA}+\mu_{BC}=0.571+0.429=1$,无误。

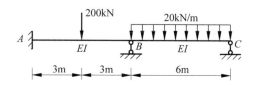

分配系数		0.521	0.429	
固端弯矩	−150	150	−90	0
分配与传递	−17.2	−34.3	−25.7	0
最终弯矩	−167.2	115.7	−115.7	0

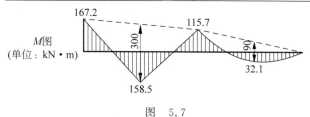

图　5.7

将各结点的分配系数标注在结点相应位置,如图 5.7 中计算表格的第一行。

(2) 按表 4.1 计算固端弯矩。

$$M_{AB}^F = -\frac{Fl}{8} = -\frac{200 \times 6}{8}\text{kN} \cdot \text{m} = -150\text{kN} \cdot \text{m}$$

$$M_{BA}^F = \frac{Fl}{8} = 150\text{kN} \cdot \text{m}$$

$$M_{BC}^F = -\frac{Fl^2}{8} = -\frac{20 \times 6^2}{8}\text{kN} \cdot \text{m} = -90\text{kN} \cdot \text{m}$$

$$M_{CB}^F = 0$$

将各杆的固端弯矩记在各杆端相应位置,如图 5.7 中计算表格的第二行。

结点 B 的不平衡力矩为

$$M_B = (150 - 90)\text{kN} \cdot \text{m} = 60\text{kN} \cdot \text{m}$$

(3) 计算分配弯矩和传递弯矩。

分配弯矩

$$M_{BA}^\mu = 0.571 \times (-60)\text{kN} \cdot \text{m} \approx -34.3\text{kN} \cdot \text{m}$$

$$M_{BC}^\mu = 0.421 \times (-60)\text{kN} \cdot \text{m} \approx -25.7\text{kN} \cdot \text{m}$$

将各分配弯矩记录在各杆端,如图 5.7 中计算表格的第三行。

在分配弯矩下面画一横线,表示结点已放松。

传递弯矩

$$M_{AB}^C = \frac{1}{2} \times (-34.3)\text{kN} \cdot \text{m} \approx -17.2\text{kN} \cdot \text{m}$$

在分配弯矩与传递弯矩之间画一水平方向的箭头,表示弯矩传递方向。

（4）计算最终杆端弯矩。

将以上结果叠加，即得最终杆端弯矩，如图 5.7 中计算表格的最后一行。

由 $\sum M_B = 115.7 - 115.7 = 0$，可知满足结点 B 的力矩平衡条件。

（5）绘制 M 图。

根据最终杆端弯矩，由叠加法绘制 M 图，如图 5.7 所示。

例 5.2   用力矩分配法计算图 5.8(a)所示刚架，并绘制 M 图。

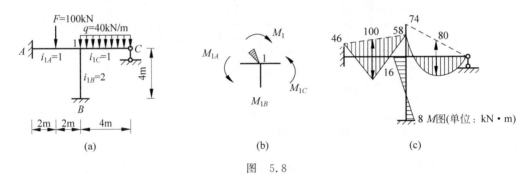

图   5.8

解   解题思路：先计算分配系数、固端弯矩、不平衡力矩，再按结点力矩分配与传递，计算杆端最终弯矩，绘制 M 图。

解题过程：

（1）求分配系数。

$$\mu_{1A} = \frac{S_{1A}}{\sum S} = \frac{4i_{1A}}{4i_{1A} + 3i_{1C} + 4i_{1B}} = \frac{4 \times 1}{4 \times 1 + 3 \times 1 + 4 \times 2} = \frac{4}{15}$$

$$\mu_{1C} = \frac{S_{1C}}{\sum S} = \frac{3i_{1C}}{4i_{1A} + 3i_{1C} + 4i_{1B}} = \frac{3 \times 1}{4 \times 1 + 3 \times 1 + 4 \times 2} = \frac{3}{15}$$

$$\mu_{1B} = \frac{S_{1B}}{\sum S} = \frac{4i_{1B}}{4i_{1A} + 3i_{1C} + 4i_{1B}} = \frac{4 \times 2}{4 \times 1 + 3 \times 1 + 4 \times 2} = \frac{8}{15}$$

校核：

$$\sum \mu = \frac{4}{15} + \frac{3}{15} + \frac{8}{15} = 1$$

（2）求固端弯矩。

按表 4.1 中给定的公式计算：

$$M_{1A}^F = \frac{1}{8}Fl = \frac{1}{8} \times 100 \times 4 \text{kN} \cdot \text{m} = 50 \text{kN} \cdot \text{m}$$

$$M_{A1}^F = -\frac{1}{8}Fl = -50 \text{kN} \cdot \text{m}$$

$$M_{1C}^F = -\frac{1}{8}ql^2 = -\frac{1}{8} \times 40 \times 4^2 \text{kN} \cdot \text{m} = -80 \text{kN} \cdot \text{m}$$

$$M_{C1}^F = 0$$

$$M_{1B}^F = 0$$

$$M_{B1}^F = 0$$

结点 1 的不平衡力矩等于汇交在结点 1 上各杆固端弯矩的代数和,即

$$M_1 = M_{1A}^F + M_{1B}^F + M_{1C}^F = (50 + 0 - 80)kN \cdot m = -30kN \cdot m$$

也可取结点 1 为分离体(带有附加刚臂),如图 5.8(b)所示,根据力矩平衡方程 $\sum M_1 = 0$,有

$$M_1 = M_{1A}^F + M_{1C}^F = [50 + (-80)]kN \cdot m = -30kN \cdot m$$

可见,不平衡力矩就是附加刚臂的约束反力矩。

(3)计算分配与传递弯矩。

将不平衡力矩 M_1 反号,被分配的力矩是正值,具体计算如下:

$$M_{1A}^\mu = \mu_{1A}(-M_1) = \frac{4}{15} \times 30kN \cdot m = 8kN \cdot m$$

$$M_{1B}^\mu = \mu_{1B}(-M_1) = \frac{8}{15} \times 30kN \cdot m = 16kN \cdot m$$

$$M_{1C}^\mu = \mu_{1C}(-M_1) = \frac{3}{15} \times 30kN \cdot m = 6kN \cdot m$$

传递弯矩

$$M_{A1}^C = \frac{1}{2}M_{1A}^\mu = \frac{1}{2} \times 8kN \cdot m = 4kN \cdot m$$

$$M_{B1}^C = \frac{1}{2}M_{1B}^\mu = \frac{1}{2} \times 16kN \cdot m = 8kN \cdot m$$

$$M_{C1}^C = 0$$

(4)计算杆端弯矩。

$$M_{1A} = M_{1A}^F + M_{1A}^\mu = (50 + 8)kN \cdot m = 58kN \cdot m$$

$$M_{A1} = M_{A1}^F + M_{A1}^C = (-50 + 4)kN \cdot m = -46kN \cdot m$$

$$M_{1B} = M_{1B}^\mu = 16kN \cdot m$$

$$M_{B1} = M_{B1}^C = 8kN \cdot m$$

$$M_{1C} = M_{1C}^F + M_{1C}^\mu = (-80 + 6)kN \cdot m = -74kN \cdot m$$

$$M_{C1} = 0$$

为方便起见,可以列表进行计算,详见表 5.2。列表时注意应把同一结点的各杆端列在一起,以便于写分配弯矩。

表 5.2　例题 5.2 杆端弯矩的计算

结　　点	A		1		B	C
杆端	$A1$	$1A$	$1C$	$1B$	$B1$	$C1$
分配系数		$\dfrac{4}{15}$	$\dfrac{3}{15}$	$\dfrac{8}{15}$		
固端弯矩/(kN·m)	-50	$+50$	-80	0	0	0
分配弯矩和传递弯矩/(kN·m)	4	$+8$	-6	$+16$	$+8$	0
最终杆端弯矩/(kN·m)	-46	$+58$	-74	$+16$	$+8$	0

（5）绘制弯矩图。

先标出各杆的杆端弯矩，在两个竖标间连一直线，以此为基线叠加上横向荷载引起的简支梁的弯矩。

最终 M 图如图 5.8(c)所示。

5.3 多结点的力矩分配法

前面介绍的是单结点的情况。针对此种情况，先固定结点，再放松结点，只进行一次就可使体系恢复为原来的状态，因此，只需进行一次力矩的分配与传递。

常见的连续梁，中间支座不止一个，也就是说，结点转角未知量不止一个，如何把单结点的力矩分配方法推广运用到多结点的结构上呢？为了解决这一问题，可以依次对各结点使用上节所述方法。作法是：首先固定全部刚结点，然后逐次放松，每次只放松一个。当放松一个结点时，其他结点仍暂时固定，由于放松一个结点是在别的结点固定的情况下放松的，所以还不能恢复原来的状态，这样一来，就需要将各结点反复轮流地固定、放松，以逐步消除结点的不平衡力矩，使结构逐渐接近其本来的状态。下面通过实例说明。

图 5.9(a)所示三跨连续梁，在结点 B 和 C 处均有角位移。先设想在这两个结点处增设附加刚臂，在 B、C 结点不可转动情况下，可得在荷载作用下各杆的固端弯矩为

$$M_{AB}^{F} = -\left(\frac{30 \times 2 \times 4^{2}}{6^{2}} + \frac{30 \times 2^{2} \times 4}{6^{2}}\right) kN \cdot m = -40 kN \cdot m$$

$$M_{BA}^{F} = -40 kN \cdot m$$

$$M_{BC}^{F} = -\frac{40 \times 4}{8} kN \cdot m = -20 kN \cdot m$$

$$M_{CB}^{F} = 20 kN \cdot m$$

$$M_{CD}^{F} = -\frac{8 \times 6^{2}}{8} kN \cdot m = -36 kN \cdot m$$

将上述各固端弯矩列在图 5.9 的固端弯矩一栏中。这时结点 B 和 C 的不平衡力矩（即约束力矩）分别为

$$M_{B} = \sum_{(B)} M_{Bj}^{F} = (40 - 20) kN \cdot m = 20 kN \cdot m$$

$$M_{C} = \sum_{(C)} M_{Cj}^{F} = (20 - 36) kN \cdot m = -16 kN \cdot m$$

现在设法消除这两个结点的不平衡力矩。在位移法中，是设想一次将结点 B 和 C 分别转动到它们的实际位置，即使它们发生与实际结构相同的角位移。这样，就需要建立联立方程并进行求解。在力矩分配法中，首先设想只放松（转动）一个结点，使该结点上的各杆端弯矩单独趋于平衡。此时由于其他结点仍为固定，故可利用上述力矩分配和传递的方法消去该结点的不平衡力矩。先放松结点 B 并进行力矩分配。为此，求出汇交于结点 B 的各杆端的分配系数。

$$\mu_{BA} = \cfrac{4 \times \cfrac{EI}{6}}{4 \times \cfrac{EI}{6} + 4 \times \cfrac{EI}{4}} = 0.4$$

$$\mu_{BC} = \cfrac{4 \times \cfrac{EI}{4}}{4 \times \cfrac{EI}{6} + 4 \times \cfrac{EI}{4}} = 0.6$$

通过力矩分配，求得各相应杆端的分配弯矩为

$$M_{BA}^{\mu} = 0.4 \times (-20)\text{kN} \cdot \text{m} = -8\text{kN} \cdot \text{m}$$

$$M_{BC}^{\mu} = 0.6 \times (-20)\text{kN} \cdot \text{m} = -12\text{kN} \cdot \text{m}$$

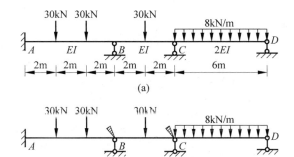

分配系数		0.4	0.6		0.5	0.5	
固端弯矩	−40	40	−20		20	−36	
第一次分配 与传递	−4 ←	−8	−12 →		−6		
			5.50 ←		11	11 →	0
第二次分配 与传递	−1.0 ←	−2.20	−3.30 →		−1.65		
			0.42 ←		0.83	0.83 →	0
第三次分配 与传递		−0.17	−0.25 →		−0.13		
			0.06		0.06		0
最终弯矩	−45.10	29.63	−29.63		24.11	−24.11	

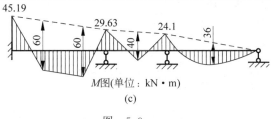

M 图(单位：kN · m)

(c)

图　5.9

这一分配过程列在图5.9的分配及传递栏的第一行中。在这两个分配弯矩下画上横线，表示该结点上的不平衡力矩已经消除，结点暂时达到平衡并随之转动一个角度（但未转动到最终位置，因为此时 C 结点还受到约束）。同时，应将弯矩向各自的远端传递，得传递

弯矩为

$$M_{AB}^C = \frac{1}{2} \times (-8)\text{kN} \cdot \text{m} = -4\text{kN} \cdot \text{m}$$

$$M_{CB}^C = \frac{1}{2} \times (-12)\text{kN} \cdot \text{m} = -6\text{kN} \cdot \text{m}$$

这一传递过程也列在图 5.9 的分配及传递栏的第一行中,图中用箭头表示传递的方向。

放松结点 B 后,将暂时处于平衡的结点 B 在新的位置上重新用附加刚臂固定。此时放松结点 C,考虑到放松结点 B 时传至 CB 端的传递弯矩 $-6\text{kN} \cdot \text{m}$ 应计入结点 C 的不平衡力矩,其值为

$$M_C = \sum M_{Cj}^F = (20 - 36 - 6)\text{kN} \cdot \text{m}$$

$$= -22\text{kN} \cdot \text{m}$$

放松结点 C 并将不平衡力矩反号。为此,计算结点 C 的有关各杆端的分配系数为

$$\mu_{CB} = \frac{4 \times \dfrac{EI}{4}}{4 \times \dfrac{EI}{4} + 3 \times \dfrac{2EI}{6}} = 0.5$$

$$\mu_{CD} = \frac{3 \times \dfrac{2EI}{6}}{4 \times \dfrac{EI}{4} + 3 \times \dfrac{2EI}{6}} = 0.5$$

分配弯矩为

$$M_{CB}^\mu = M_{CD}^\mu = 0.5 \times 22\text{kN} \cdot \text{m} = 11\text{kN} \cdot \text{m}$$

同时将它们向各自的远端传递,得传递弯矩为

$$M_{BC}^C = \frac{1}{2} \times 11\text{kN} \cdot \text{m} = 5.5\text{kN} \cdot \text{m}, \quad M_{DC}^C = 0$$

这一分配、传递过程列在图 5.9 的分配及传递栏的第二行中。这时结点 C 也已暂时获得平衡并随之转动了一个角度,然后将它在新的位置上重新用附加刚臂固定。

由于放松结点 C 时,结点 B 是被暂时固定的,传递弯矩 $M_{BC}^C = 5.5\text{kN} \cdot \text{m}$ 成为结点 B 处新的不平衡力矩,为了消除这一新的不平衡力矩,又需将结点 B 放松,重新进行上述分配和传递过程。如此反复将各结点轮流固定、放松,逐个结点进行力矩分配和传递,则各结点的不平衡力矩就越来越小,直至所需精度后,便可停止计算。最后将各杆端的固端弯矩、历次的分配弯矩和传递弯矩相加,便得到各杆端的最终弯矩,据此可绘制最后弯矩图如图 5.9(c)所示。

以上虽是以连续梁为例说明的,但所述方法同样可用于无结点线位移的刚架。综合以上分析可知,在力矩分配法中,是依次放松各结点以消去其上的不平衡力矩而修正各杆端的弯矩,使其逐步接近真实的弯矩值,所以,它是一种渐近法。为了使计算过程收敛较快,通常从不平衡力矩绝对值较大的结点开始。归纳起来,运用力矩法计算一般连续梁和无结点线位移刚架的步骤如下:

（1）求出汇交于各结点每一杆端的分配系数 μ_{ik}，并确定各杆的传递系数 C_{ik}。

（2）计算各杆端的固端弯矩 M_{ik}^F。

（3）逐步循环交替地放松各结点以使弯矩平衡。每平衡一个结点时，按分配系数将不平衡力矩反号分配于各杆端，然后将各杆端所得的分配弯矩乘以传递系数传递到另一端，直到传递弯矩小到可略去时为止。

（4）将各杆端的固端弯矩与历次的分配弯矩和传递弯矩相加，即得各杆端的最终弯矩。

例 5.3 用力矩分配法计算图 5.10(a) 所示的三跨对称连续梁，并绘制 M 图。

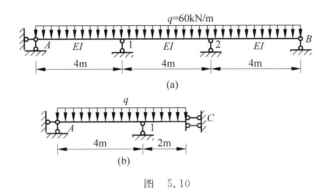

图 5.10

解 解题思路：利用对称性取等代结构，再按单结点梁进行计算。

解题过程：该连续梁具有两个刚结点，利用其对称性取等代结构，如图 5.10(b) 所示，它只有一个刚结点，可按单结点力矩分配计算。

现将图 5.10(b) 所示的等代结构放大，如图 5.11 所示，计算如下。

（1）求分配系数。

求分配系数时，可用各杆的绝对线刚度，也可以采用线刚度的相对值。设 $\dfrac{EI}{l}=1$，则相对线刚度 $i_{1A}=1$，$i_{1C}=\dfrac{EI}{\dfrac{l}{2}}=2$，分配系数

$$\mu_{1A}=\frac{3i_{1A}}{3i_{1A}+i_{1C}}=\frac{3\times1}{3\times1+2}=0.6$$

$$\mu_{1C}=\frac{i_{1C}}{3i_{1A}+i_{1C}}=\frac{2}{3\times1+2}=0.4$$

（2）求固端弯矩。

当结点 1 固定时，形成两个单跨梁，按表 4.1 中给定的公式计算。

梁 $1A$ 为一端固定另一端铰支梁，有

$$M_{1A}^F=\frac{1}{8}ql^2=120\text{kN}\cdot\text{m}$$

$$M_{1C}^F=-\frac{1}{3}q\left(\frac{l}{2}\right)^2=-\frac{1}{12}ql^2=-80\text{kN}\cdot\text{m}$$

分配系数		0.60	0.60	
固端弯矩	0	120	−80 ⟶	−40
分配与传递	0	−24	−16 ⟶	+16
最终杆端力矩	0	96	−96	−24

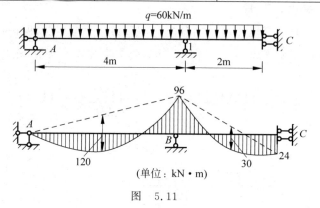

图　5.11

$$M_{C1}^F = -\frac{1}{6}q\left(\frac{l}{2}\right)^2 = -40\text{kN} \cdot \text{m}$$

结点 1 的不平衡力矩

$$M_1 = (120 - 80)\text{kN} \cdot \text{m} = 40\text{kN} \cdot \text{m}$$

被分配的力矩为 $-M_1^{lt}(-40\text{kN} \cdot \text{m})$。

（3）分配与传递。

分配弯矩与传递弯矩记入图 5.11 的表中第三行。

（4）最终杆端弯矩见图 5.11 的表中末行。

例 5.4　用力矩分配法计算图 5.12(a)所示连续梁,并绘制 M 图。

解　解题思路:先求出分配系数,再求固端弯矩,然后固定、放松结点进行分配与传递,求最终弯矩,绘制 M 图。

解题过程:

（1）悬臂端的处理。

取悬臂 EA 为脱离体,由平衡条件得 $M_{AE} = 10\text{kN} \cdot \text{m}, F_{SAB} = -10\text{kN}$,将该悬臂部分去掉,而 M_{AE}、F_{SAB} 作为外力加于结点 A 处(见图 5.12(b)),这样结点 A 便简化为铰支端,整个计算过程即可按图 5.12(b)进行。

（2）计算分配系数和传递系数。

结点 B:

$$S_{BA} = 3i_{BA} = 3 \times \frac{1}{5} = 0.6$$

$$S_{BC} = 4i_{BC} = 4 \times \frac{1}{4} = 1$$

$$\mu_{BA} = \frac{S_{AB}}{S_{BA} + S_{BC}} = \frac{0.6}{0.6 + 1} = 0.375$$

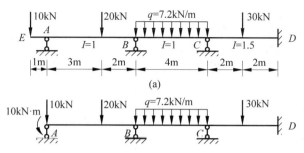

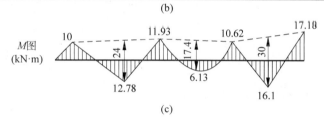

分配系数			0.375	0.625		0.4	0.6	
固端弯矩	10	−10	14.2	−9.6		9.6	−15	15
C 一次分配及传递				1.08 ◄	2.16	3.24 ►	1.62	
B 一次分配及传递			−2.13	−3.53 ►	−1.78			
C 二次分配及传递				0.36 ◄	0.71	1.07 ►	0.53	
B 二次分配及传递			−0.13	−0.23 ►	−0.11			
C 三次分配及传递				0.02 ◄	0.04	0.07 ►	0.03	
B 三次分配及传递			−0.01	−0.01				
最终杆端弯距	10	−10	−11.93	11.93		10.62	−10.62	17.18

(b)

图　5.12

$$C_{BA} = 0$$

$$\mu_{BA} = \frac{S_{BC}}{S_{BA} + S_{BC}} = \frac{1}{0.6 + 1} = 0.625$$

$$C_{BC} = \frac{1}{2}$$

校核：$\mu_{BA} + \mu_{BC} = 0.375 + 0.625 = 1$，无误。

结点 C，同理得

$$\mu_{CB} = 0.4, \quad C_{CB} = 0.5$$

$$\mu_{CD} = 0.6, \quad C_{CD} = 0.5$$

（3）计算固端弯矩。

AB 杆相当于图 5.13（a）所示的单跨梁。求固端弯矩时，可以采用叠加原理，显然图 5.13（a）等于图 5.13（b）叠加图 5.13（c），故有

$$M_{BA}^F = (-5 + 19.2)\text{kN} \cdot \text{m} = 14.2\text{kN} \cdot \text{m}$$

其余的固端弯矩可由表 5.1 查得，不再赘述。

（4）在结点 B 和 C 轮流进行分配和传递。

① 放松结点 C，B 点仍固定。

为了使得收敛较快（分配次数较少），宜先放松不平衡力矩较大的结点，故先放松结点

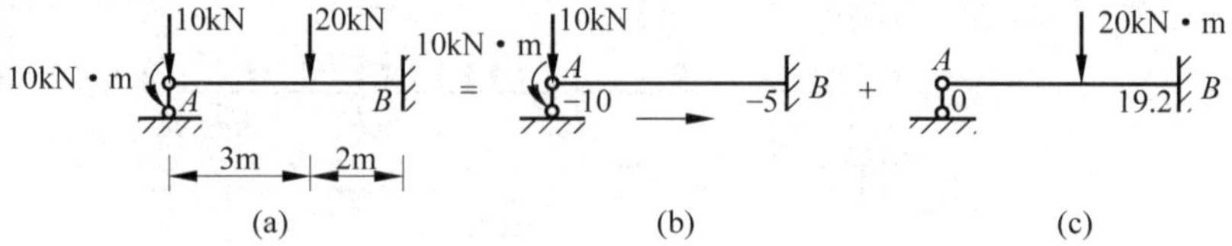

图 5.13

C,利用式(5-7)计算分配弯矩:

$$M_{CB}^{\mu} = 0.4 \times [-(9.6-15)]\text{kN} \cdot \text{m} = 2.16\text{kN} \cdot \text{m}$$

$$M_{CD}^{\mu} = 0.6 \times [-(9.6-15)]\text{kN} \cdot \text{m} = 3.24\text{kN} \cdot \text{m}$$

利用式(5-8)计算传递弯矩:

$$M_{BC}^{C} = \frac{1}{2} \times 2.16\text{kN} \cdot \text{m} = 1.08\text{kN} \cdot \text{m}$$

$$M_{DC}^{C} = \frac{1}{2} \times 3.24\text{kN} \cdot \text{m} = 1.62\text{kN} \cdot \text{m}$$

经过分配和传递,结点 C 的力矩已平衡,在分配弯矩下面画一横线进行标记,以后再分配这个结点的不平衡弯矩时,不用计算横线上的数值。

② 重新固定结点 C,并放松结点 B。

在结点 C 分配弯矩下画一横线,表示此点处的约束力矩已经消除。由 C 至 B 及由 C 至 D 的传递系数均为 $\frac{1}{2}$,故传递弯矩 M_{BC}^{C}、M_{DC}^{C} 均为

$$2.7 \times \frac{1}{2}\text{kN} \cdot \text{m} \approx 1.4\text{kN} \cdot \text{m}$$

由于放松结点 C 时,结点 B 又被固定,故结点 B 又出现约束力矩,其值即为由 C 至 B 的传递弯矩 $1.4\text{kN} \cdot \text{m}$,需要在重新约束结点 C 的条件下再进行分配,分配结果使 BA 杆 B 端及 BC 杆 B 端分别得到分配弯矩

$$-1.4 \times 0.6\text{kN} \cdot \text{m} \approx -0.8\text{kN} \cdot \text{m}$$

$$-1.4 \times 0.4\text{kN} \cdot \text{m} \approx -0.6\text{kN} \cdot \text{m}$$

并得由 B 至 C 的传递弯矩 $-0.3\text{kN} \cdot \text{m}$。这时在结点 C 又出现约束力矩,但其值很小,再作一次分配后即认为整个结构已与原结构的变形状态及受力状态相符,画双线于其下以表示分配和传递的过程结束。双线之下的数字为各杆端的固端弯矩、分配弯矩和传递弯矩的代数和,即所求的最终杆端弯矩。

③ 按最终杆端弯矩绘制 M 图,如图 5.12(c)所示。

例 5.5 某车间 18m 跨度的预应力钢筋混凝土屋架,某上弦杆所受荷载为自重 $q = 1.21\text{kN/m}$,屋面活荷载 $F = 21.50\text{kN}$,如图 5.14(a)所示。用力矩分配法计算该上弦杆的弯矩。

解 解题思路:该上弦杆为多结点连续梁的结构形式,用力矩分配法计算时需将 B、C 两结点处的不平衡力矩依次轮流分配传递,通常经过两轮计算,结点将接近平衡。

解题过程:

(1) 计算各结点分配系数。

用力矩分配法计算,上弦杆为等截面杆,取 $EI=1$,则各段的线刚度为

$$i_{AB}=\frac{1}{3.07}\approx 0.326,\quad i_{BC}=i_{CD}=\frac{1}{3.092}\approx 0.323$$

各结点的分配系数为

B 结点:

$$\mu_{BA}=\frac{3i_{AB}}{3i_{AB}+4i_{BC}}=\frac{3\times 0.326}{3\times 0.326+4\times 0.323}\approx 0.43$$

$$\mu_{BC}=\frac{4i_{BC}}{3i_{AB}+4i_{BC}}=\frac{4\times 0.323}{3\times 0.323+4\times 0.323}\approx 0.57$$

C 结点:

$$\mu_{CB}=\mu_{CD}=\frac{4\times 0.323}{4\times 0.323+4\times 0.323}=0.5$$

(2) 计算固端弯矩。

固端弯矩由两种荷载产生,其中恒载即上弦杆自重是沿屋面方向分布的,计算时应化为水平方向分布的荷载,相应的跨度也取上弦杆的水平投影长度。求得固端弯矩为

$M_{AB}^F=0$

$$M_{BA}^F=\left[\frac{1}{8}\times\left(1.21\times\frac{3.07}{2.85}\right)\times 2.85^2+\frac{21.50\times 1.35\times 1.5\times(2.85+1.35)}{2\times 2.85^2}\right]\text{kN}\cdot\text{m}$$
$$\approx 12.60\text{kN}\cdot\text{m}$$

$$M_{BC}^F=-M_{CB}^F=\left[-\frac{1}{12}\times\left(1.21\times\frac{3.092}{3}\right)\times 3^2-\frac{21.50\times 3}{8}\right]\text{kN}\cdot\text{m}\approx-9.00\text{kN}\cdot\text{m}$$

$$M_{CD}^F=-M_{DC}^F=\left[-\frac{1}{12}\times\left(1.21\times\frac{3.092}{3}\right)\times 3^2-\frac{22.80\times 3}{8}\right]\text{kN}\cdot\text{m}\approx-9.50\text{kN}\cdot\text{m}$$

(3) 分配及传递。

各结点不平衡力矩分配及传递过程以及各杆端最后弯矩的计算见图 5.14 中的表。

(4) 绘制弯矩图。

利用区段叠加法,可以求得各段的叠加值分别为

$$\frac{Fab}{l}+\frac{qal}{2}=\left(\frac{21.50\times 1.35\times 1.5}{2.85}+\frac{1.21\times 1.35\times 1.5}{2}\right)\text{kN}\cdot\text{m}\approx 16.50\text{kN}\cdot\text{m}$$

$$\frac{Fl}{4}+\frac{ql^2}{8}=\left(\frac{21.50\times 3}{4}+\frac{1.21\times 3^2}{8}\right)\text{kN}\cdot\text{m}\approx 17.49\text{kN}\cdot\text{m}$$

$$\frac{Fl}{4}+\frac{ql^2}{8}=\left(\frac{22.80\times 3}{4}+\frac{1.21\times 3^2}{8}\right)\text{kN}\cdot\text{m}\approx 18.46\text{kN}\cdot\text{m}$$

该上弦杆的弯矩图如图 5.14 所示。

例 5.6　试用力矩分配法计算图 5.15 所示刚架,并绘制弯矩图。各杆 EI 相同。

解　解题思路:先计算转动刚度、分配系数、固端弯矩,再按表 5.3 或图 5.15(b)进行计算,最后绘制 M 图。

解题过程:

(1) 计算转动刚度。

各杆的 EI 取相对值计算,为了计算方便,可令 $EI=1$,则

$$i_{BA}=\frac{4EI}{4}=1,\quad S_{BA}=3i_{BA}=3$$

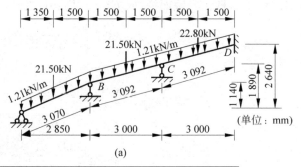

(a)

分配系数	0.43	0.57	0.5	0.5	
固端弯矩	12.60	−9.00	9.00	−9.50	9.50
B点一次 分配及传递 C点一次	−1.55	−2.05 →	−1.03		
分配及传递 B点二次	0.38	← 0.77	0.76 →	0.38	
分配及传递 C点二次	−0.16	−0.22 →	−0.11		
分配			0.05	0.06	
最后弯矩	10.89	−10.89	8.68	−8.68	9.88

(单位：kN·m)

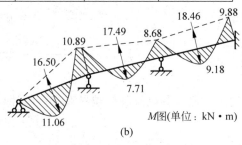

M图(单位：kN·m)

(b)

图 5.14

$$i_{BC} = \frac{5EI}{5} = 1, \quad S_{BC} = S_{CB} = 4i_{BC} = 4$$

$$i_{CD} = \frac{4EI}{4} = 1, \quad S_{CD} = 3i_{CD} = 3$$

$$i_{BE} = \frac{3EI}{4} = \frac{3}{4}, \quad S_{BE} = 4i_{BE} = 4 \times \frac{3}{4} = 3$$

$$i_{CF} = \frac{3EI}{6} = \frac{1}{2}, \quad S_{CF} = 4i_{CF} = 4 \times \frac{1}{2} = 2$$

（2）计算分配系数。

结点 B：

$$\sum S = S_{BE} + S_{BA} + S_{BC} = 3 + 3 + 4 = 10$$

$$\mu_{BA} = \frac{3}{10} = 0.3, \quad \mu_{BC} = \frac{4}{10} = 0.4$$

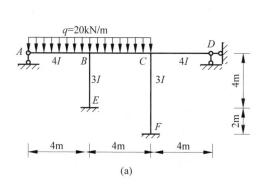

(a)

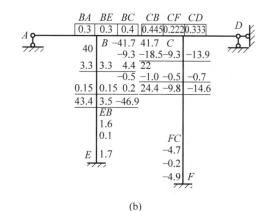

(b)

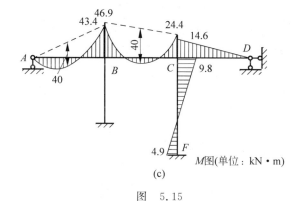

M 图(单位: kN·m)

(c)

图 5.15

$$\mu_{BE} = \frac{3}{10} = 0.3$$

结点 C：

$$\sum S = S_{CB} + S_{CD} + S_{CF} = 4 + 3 + 2 = 9$$

$$\mu_{CE} = \frac{4}{9} \approx 0.444, \quad \mu_{CD} = \frac{3}{9} \approx 0.333$$

$$\mu_{CF} = \frac{2}{9} \approx 0.222$$

（3）计算固端弯矩。

$$M_{BA}^F = \frac{ql^2}{8} = \frac{20 \times 4^2}{8} \text{kN·m} = 40 \text{kN·m}$$

$$M_{BC}^F = -\frac{ql^2}{12} = \frac{-20 \times 5^2}{12} \text{kN·m} \approx -41.7 \text{kN·m}$$

$$M_{CB}^F = -\frac{ql^2}{12} = \frac{20 \times 5^2}{12} \text{kN·m} \approx 41.7 \text{kN·m}$$

（4）进行力矩分配及传递。

按 C、B 结点的顺序依次轮流分配及传递两次，计算在表中进行（表 5.3）。放松结点的次序可以任意，并不影响最后结果，但为了缩短计算过程，最好先放松不平衡力矩较大的结点。所以，本例先从放松结点 C 开始。

表 5.3　杆端弯矩的计算

结　　点	A	E	B			C			D	F
杆端	AB	EB	BA	BE	BC	CB	CF	CD	DC	FC
分配系数			0.3	0.3	0.4	0.445	0.222	0.333		
固端弯矩/(kN·m)			40.0		−41.7	41.7				
分配及传递弯矩/(kN·m)					−9.3	−18.5	−9.3	−13.9		−4.7
		1.6	3.3	3.3	4.4	2.2				
					−0.5	−1.0	−0.5	−0.7		−0.2
		0.1	0.15	0.15	0.2					
最终弯矩/(kN·m)		1.7	43.4	3.5	−46.9	−24.4	−9.8	−14.6		−4.9

(5) 计算最终弯矩,绘制 M 图,如图 5.15(c)所示。

刚架的力矩分配及传递过程也可在图上进行,如图 5.15(b)所示。

例 5.7　试用力矩分配法计算图 5.16(a)所示刚架,并绘制弯矩图。各杆线刚度如图 5.16(a)所示。

解　解题思路:先计算转动刚度、分配系数、固端弯矩,再按表 5.4 或图 5.16(b)进行计算,再绘制 M 图。

解题过程:

(1) 计算分配系数(设 $i=1$)。

$$\mu_{BA} = \frac{4 \times 1}{4 \times 1 + 4 \times 1 + 4 \times 1} = \frac{1}{3}$$

$$\mu_{BC} = \frac{4 \times 1}{4 \times 1 + 4 \times 1 + 4 \times 1} = \frac{1}{3}$$

$$\mu_{BE} = \frac{4 \times 1}{4 \times 1 + 4 \times 1 + 4 \times 1} = \frac{1}{3}$$

$$\mu_{CB} = \frac{4 \times 1}{4 \times 1 + 4 \times 1 + 4 \times 1} = \frac{1}{3}$$

$$\mu_{CD} = \frac{4 \times 1}{4 \times 1 + 4 \times 1 + 4 \times 1} = \frac{1}{3}$$

$$\mu_{CF} = \frac{4 \times 1}{4 \times 1 + 4 \times 1 + 4 \times 1} = \frac{1}{3}$$

(2) 计算固端弯矩。

$$M_{AB}^F = -M_{BA}^F = -\frac{1}{8} \times 80 \times 6\text{kN} \cdot \text{m} = -60\text{kN} \cdot \text{m}$$

$$M_{BC}^F = -M_{CB}^F = -\frac{1}{12} \times 15 \times 6^2 \text{kN} \cdot \text{m} = -45\text{kN} \cdot \text{m}$$

其余固端弯矩均为零。

将上述分配系数及固端弯矩均填入表 5.4 中。

(3) 逐次对 B、C 结点进行分配传递(详见表 5.4)。

(4) 求杆端最终弯矩(见表 5.4)。

(5) 绘制弯矩图如图 5.16(b)所示。

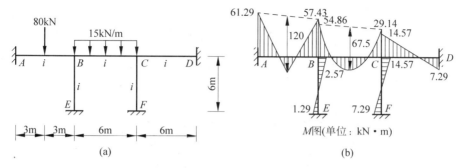

图　5.16

表 5.4　杆端弯矩计算

结　点	E	A	B			C			D	F
杆端	EA	AB	BA	BE	BC	CB	CF	CD	DC	FC
分配系数	—	—	$\frac{1}{3}$	$\frac{1}{3}$	$\frac{1}{3}$	$\frac{1}{3}$	$\frac{1}{3}$	$\frac{1}{3}$	—	—
固端弯矩/(kN·m)	0	60.0	+60.0		−45.0	+45.0				
C 第一次分配及传递弯矩/(kN·m)					−7.5	−15.0	−15.0	−15.0	−7.5	−7.5
B 第一次分配及传递弯矩/(kN·m)	−1.25	−1.25	−2.5	−2.5	−2.5	−1.25				
C 第二次分配及传递弯矩/(kN·m)					+0.21	+0.42	+0.42	+0.42	+0.21	+0.21
B 第二次分配及传递弯矩/(kN·m)	−0.04	−0.04	−0.07	−0.07	−0.07	−0.04				
C 第三次分配及传递弯矩/(kN·m)						+0.01	+0.01	+0.01		
最终弯矩/(kN·m)	−1.29	−61.29	+57.43	−2.57	−54.86	+29.14	−14.57	−14.57	−7.29	−7.29

复习思考题

1. 转动刚度的物理意义是什么? 分配系数与转动刚度有何关系?

2. 传递系数如何确定? 常见的传递系数有哪几种?

3. 什么是固端弯矩? 不平衡力矩如何计算? 为什么不平衡力矩必须变号后才能进行分配?

4. 力矩分配法的基本运算分哪几步? 每一步的物理意义是什么?

5. 用力矩分配法计算多结点结构时,应先从哪个结点开始? 为什么?

6. 用力矩分配法计算结构时,若结构对称,能否取半边结构计算?

练习题

1. 试用力矩分配法计算图 5.17 所示单结点连续梁,并绘制 M 图。

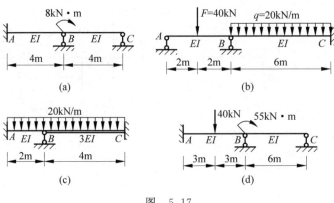

图 5.17

2. 试用力矩分配法计算图 5.18 所示单结点刚架,并绘制 *M* 图。

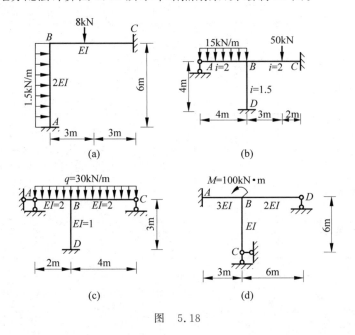

图 5.18

3. 试用力矩分配法计算图 5.19 所示多结点连续梁,并绘制 *M* 图。

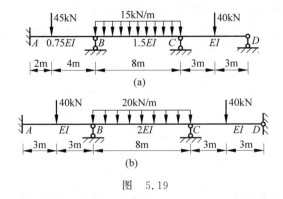

图 5.19

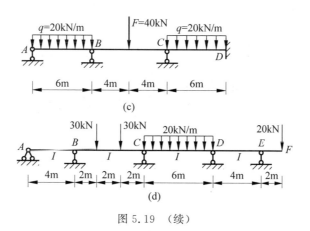

图 5.19 （续）

4. 试用力矩分配法计算图 5.20 所示多结点刚架,并绘制 M 图。

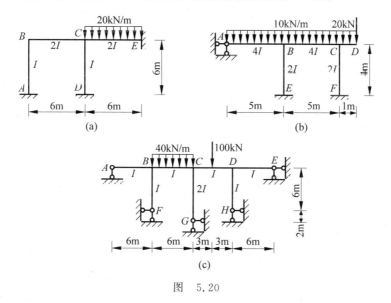

图 5.20

练习题参考答案

1. (a) $M_{BA} = 4.57 \text{kN} \cdot \text{m}$；　(b) $M_{BA} = 45.87 \text{kN} \cdot \text{m}$；
   (c) $M_{BA} = 14.67 \text{kN} \cdot \text{m}$；　(d) $M_{BA} = 44.29 \text{kN} \cdot \text{m}$。

2. (a) $M_{BA} = 5.5 \text{kN} \cdot \text{m}$；　(b) $M_{BA} = 28.2 \text{kN} \cdot \text{m}$；
   (c) $M_{BA} = 72.8 \text{kN} \cdot \text{m}$；　(d) $M_{BA} = -72.7 \text{kN} \cdot \text{m}$。

3. (a) $M_{CD} = -68.3 \text{kN} \cdot \text{m}$；　(b) $M_{BC} = -73.77 \text{kN} \cdot \text{m}$；
   (c) $M_{BA} = 61.3 \text{kN} \cdot \text{m}$；　(d) $M_{CD} = -64.1 \text{kN} \cdot \text{m}$。

4. (a) $M_{BC} = 4.29 \text{kN} \cdot \text{m}$；　(b) $M_{BA} = 27.03 \text{kN} \cdot \text{m}$；
   (c) $M_{BA} = 38.77 \text{kN} \cdot \text{m}$。

第 6 章

影响线及其应用

本章学习目标

- 理解影响线的定义。
- 会用静力法作单跨静定梁支座反力和内力的影响线。
- 了解间接荷载作用下简支梁的影响线作法。
- 掌握用影响线求量值、确定最不利荷载位置及求最大剪力和最大弯矩值的方法。
- 会画简支梁的包络图,会求简支梁的绝对最大弯矩。

本章主要介绍以下内容:用静力法绘制单跨静定梁、间接荷载作用下的简支梁、静定桁架的影响线,确定最不利荷载位置、绘制简支梁内力包络图与求简支梁的绝对最大弯矩等。

6.1 影响线的概念

前面讨论了常见结构在固定荷载作用下的内力计算。所谓固定荷载是指作用点、方向和大小都固定不变的荷载。但在实际工程中,结构除承受固定荷载外,还可能承受移动荷载的作用。这里的移动荷载是指荷载的大小、方向不变,但作用位置可以随时间改变的荷载,如行驶在桥梁上的车辆荷载、厂房吊车梁的吊车荷载,以及楼盖、楼层上的活荷载等都属于这种荷载。

在移动荷载作用下,结构的支座反力和内力的大小都将随荷载作用位置的改变而改变。因此,结构设计时,除需要计算结构在恒载作用下各量值(如支座反力、内力等)的最大值外,还需要计算出结构在移动荷载作用下各量值的最大值。对于恒载来说,只要求出反力,作出内力图就行了。但是,移动荷载作用下的情况就复杂了。不仅不同截面的各量值随荷载位置的变化而变化,即使同一截面的某一量值(如弯矩、剪力等)也随移动荷载的移动而变化。如图 6.1 所示吊车梁的计算简图,当一吊车从 A 端驶向 B 端时,两个轮子对吊车梁的作用即为一组**移动荷载**。在这组移动荷载作用下,梁上各截面的内力和支座 A、B 的反力都将随吊车荷载的移动而变化。因此,在研究移动荷载对结构的影响时,只宜一次对某一量值进行讨论。显然,要求出某一量值的最大值,须先确定产生这种最大值的荷载位置。这一荷载位置称为该量值的**最不利荷载位置**。

移动荷载的种类很多,逐个进行研究是很烦琐的,必须寻找一种简便的方法。经过对移动荷载的分析发现,移动荷载一般都由一些间距不变的竖向荷载组成,即使均布移

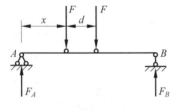

图 6.1

动荷载也可看作由若干竖向荷载组成,它们有一个共同的要素,那就是**单位集中移动荷载**。因此,可先研究一个单位集中移动荷载($F=1$)所引起的反力和内力的变化规律,然后利用叠加原理,进一步解决各种实际移动荷载作用下产生的最大反力和内力。为了清晰和直观起见,可以把某量值随单位集中移动荷载($F=1$)移动而变化的规律用一个函数图形表示,**这个函数图形称为该量值的影响线**。影响线是研究移动荷载作用效果的基本工具。

6.2　用静力法作单跨静定梁的影响线

微课 16

6.2.1　简支梁的影响线

用静力法作简支梁影响线的方法是,先把单位移动荷载 $F(F=1)$ 放在任意位置,以 x 表示单位移动荷载到所选坐标原点的距离,将单位移动荷载视为固定荷载,然后用静力平衡条件求出所研究的量值与荷载 $F(F=1)$ 位置之间的关系。表示这种关系的方程称为**影响线方程**。这种方程的图像就是影响线。

必须指出,对于不同的荷载位置,影响线方程的形式是不同的。因此,需把荷载 $F(F=1)$ 依次作用于结构的不同部分,对每一荷载位置分别求出相应的影响线方程,然后再根据这些方程绘制影响线。现以图 6.2(n)所示简支梁为例,具体说明支座反力、剪力和弯矩影响线的绘制方法。

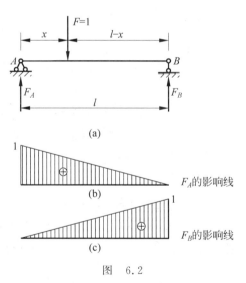

图　6.2

1. 支座反力的影响线

如图 6.2(a)所示,单位集中荷载 $F(F=1)$ 在简支梁 AB 上移动,其支座反力的大小将随 $F(F=1)$ 位置的移动而改变。设 A 点为坐标原点,横坐标 x 表示荷载 $F(F=1)$ 的作用位置(特别注意,在此 x 不表示截面位置)。

取全梁为脱离体,由 $\sum M_B = 0$,得

$$F_A l - 1 \times (l - x) = 0$$

解得

$$F_A = \frac{l-x}{l}$$

上式反映了反力 F_A 与单位移动荷载作用位置间的函数关系,称为 F_A 的影响线方程,显然它表示一条直线。为了绘图清晰,在图 6.2(a)所示梁的轴线下方先画一条水平基线,然后在其两端按比例分别画出两个竖标(正值画在基线以上):

当 $x=0$ 时,$F_A=1$;当 $x=l$ 时,$F_A=0$

并将所得两点连成直线(图 6.2(b))。这根直线形象地反映了反力 F_A 随着 $F(F=1)$ 的作用位置变化而变化的规律,称为 F_A 的影响线。

同理,由 $\sum M_A = 0$,得

$$1 \times x - F_B l = 0$$

$$F_B = \frac{x}{l}$$

这就是 F_B 的影响线方程。它也是 x 的一次式,所以 F_B 的影响线也是一条直线。当 $x=0$ 时,$F=0$;当 $x=l$ 时,$F_B=1$。利用这两个竖标便可画出 F_B 的影响线,如图 6.2(c)所示。

分析 F_A、F_B 的影响线特征可知,F_A 的影响线在支座 A 为 1,在支座 B 为 0;F_B 的影响线在支座 B 为 1,在支座 A 为 0。由此得出绘制简支梁支座反力影响线的简捷方法,即:**绘制指定支座反力的影响线,就假设将该支座约束去掉,使它产生一个单位位移(无单位),与另一支座连成直线。这样,所得的图线就是这一支座反力的影响线。这种绘制影响线的方法称为机动法。**

绘制影响线时,单位移动荷载没有单位,即为量纲一的量。由此可知,反力影响线的竖标也是量纲一的量。

2. 剪力影响线

再讨论图 6.3(a)所示简支梁指定截面 C 的剪力影响线。当荷载 $F(F=1)$ 在 C 截面以左移动时,为计算方便,取 C 以右为脱离体,并规定使脱离体产生顺时针转动趋势的剪力为正。由 $\sum F_y = 0$,得

$$F_{SC} = -F_B$$

因单位荷载限制在 C 以左移动,根据影响线定义知,上式只适用于 C 以左部分,即 AC 段。由该式知,在 AC 段上 F_{SC} 的影响线与 F_B 的影响线相同,但正负号相反。于是在画图时,只需将 F_B 的影响线翻到基线以下,取其 AC 段,即得 F_{SC} 影响线的左边直线,如图 6.3(b)所示。

当荷载 $F(F=1)$ 在 C 截面以右移动时,为计算方便,取 C 截面以左为脱离体,由 $\sum F_y = 0$,得

$$F_{SC} = F_A$$

同理,此式的适用范围为截面 C 以右,即 CB 段。在该段上,F_{SC} 的影响线与 F_A 的影响线完全相同。画图时,只需将 F_A 的影响线画出,取其 CB 段,即得 F_{SC} 影响线的右直线,如图 6.3(b)所示。

分析图 6.3(b)所示图形,很容易看出,F_{SC} 的影响线由两条互相平行的斜直线组成,按比例关系求得截面 C 稍左的竖标为 $-a/l$,稍右的竖标为 b/l,C 截面的竖标发生突变,突变

值为 $\dfrac{a}{l}+\dfrac{b}{l}=1$。由此得出绘制 F_{SC} 影响线的简捷方法如下。

（1）在同一基线上分别作出反力 F_A 和 $-F_B$ 的影响线。

（2）在所求剪力影响线截面处作一竖线，在 F_A 和 $-F_B$ 的影响线上截取两个三角形，即为此剪力的影响线。

（3）如需再求其他截面的剪力影响线时，只要将上述竖线移到所求剪力影响线的截面位置就可作出，其截面稍左竖标为 $-\dfrac{a}{l}$，稍右竖标为 $\dfrac{b}{l}$。因 $-\dfrac{a}{l}$、$\dfrac{b}{l}$ 是两长度之比，显然 F_{SC} 影响线竖标为无单位。

3. 弯矩影响线

对于图 6.3(a)所示简支梁，若绘制某一指定截面 C 的弯矩影响线，可按上述绘制剪力影响线的类似方法绘出。

当荷载 $F(F=1)$ 在截面 C 以左移动时，为计算方便，取 C 截面以右为脱离体，并规定梁的下部纤维受拉的弯矩为正，由 $\sum M_C=0$，得

$$M_C=F_B b=\frac{x}{l}b$$

由上式知，在 AC 段 M_C 的影响线为一直线。当 $x=0$ 时，$M_C=0$；当 $x=a$ 时，$M_C=\dfrac{ab}{l}$。当然，也可以借助 F_B 的影响线将其扩大 b 倍，取 AC 段即得到该段弯矩的影响线（图 6.3(c)）。

当荷载 $F(F=1)$ 在截面 C 以右移动时，上述方程 $M_C=\dfrac{b}{l}x$ 已不适用，应再取截面 C 以左为脱离体，由 $\sum M_C=0$，得

$$M_C=F_A a=\frac{l-x}{l}a$$

由该式知，CB 部分 M_C 的影响线也是一条直线，当 $x=a$ 时，$M_C=\dfrac{ab}{l}$；当 $x=l$ 时，$M_C=0$；或者利用 F_A 的影响线将其扩大 a 倍，而取 CB 部分，也可得到该段的弯矩影响线。

综上所述，M_C 的影响线由两条直线组成，形成一个三角形，三角形的顶点是弯矩影响线取极值的地方，其位置位于截面之下，该处竖标为 $\dfrac{ab}{l}$。由此得到绘制弯矩影响线的简捷方法是：**在所求弯矩影响线的截面处，按一定的比例作一竖标 $\dfrac{ab}{l}$，将简支梁两端点与此竖标顶点用直线联结起来，即为此截面的弯矩影响线。**因弯矩影响线的竖标为 $\dfrac{ab}{l}$，分子单位为长度的二次方，分母单位为长度的一次方，故弯矩影响线的竖标为长度的一次方。

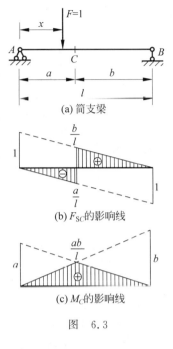

(a) 简支梁

(b) F_{SC} 的影响线

(c) M_C 的影响线

图　6.3

图 6.4(a)绘出了跨度为 6m 的 F_{SC} 和 M_C 的影响线；图 6.4(b)绘出了单位荷载固定于 C 截面时的 F_S 图和 M 图。比较四图可知，影响线与内力图是两个截然不同的概念，二者的区别如下。

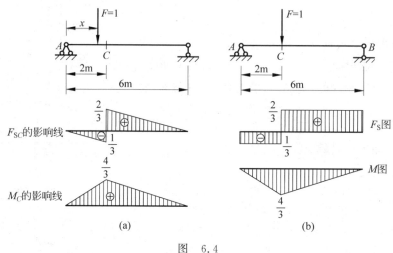

图　6.4

1) 剪力影响线与剪力图的区别

(1) 前者表示当单位荷载沿梁移动时 C 截面剪力的变化规律；后者表示当单位荷载固定在 C 截面时各截面剪力的大小。

(2) 前者任一竖标表示，当单位荷载移动到此截面时 C 截面剪力的大小；后者任一竖标表示，当荷载固定在 C 截面时此截面剪力的大小。

(3) 前者竖标值无单位；后者竖标值为力的单位。

2) 弯矩影响线与弯矩图的区别

(1) 前者表示当单位荷载沿梁移动时 C 截面弯矩的变化规律；后者表示当单位荷载固定在 C 截面时各截面弯矩的大小。

(2) 前者任一竖标表示，当单位荷载移动到此截面时 C 截面弯矩的大小；后者任一竖标表示，当荷载固定在 C 截面时此截面弯矩的大小。

(3) 前者竖标值为长度单位；后者竖标值为力乘长度。

(4) 前者正值画在基线上侧；后者画在受拉侧。

例 6.1　用静力法作图 6.5(a)静定梁段 BD 截面 C 的弯矩、剪力的影响线。规定竖向单位移动荷载 $F=1$，只在 BD 梁上移动。

解　解题思路：首先选取坐标，再分段列影响线方程，然后依此绘制影响线。

解题过程：以 x 表示单位移动荷载的位置，以 C 为坐标原点，x 轴以沿梁 BD 向右为正（图 6.5(a)）。

(1) 作 M_C 的影响线。

求 M_C 的影响线方程时，如同计算截面 C 的弯矩一样，过 C 点将梁截断。为计算简便，取 C 以右部分为脱离体，按平衡条件求 M_C。因荷载 $F(F=1)$ 沿 BD 移动，故应分别考虑荷载 $F(F=1)$ 在 C 以左和 C 以右移动时的两种情况。

荷载 $F(F=1)$ 在 C 点以左移动时，由 $\sum M_C=0$，得

$$M_C = 0, \quad -3 \leqslant x \leqslant 0$$

荷载 $F(F=1)$ 在 C 点以右移动时,由 $\sum M_C = 0$,得

$$M_C = -x, \quad 0 \leqslant x \leqslant 6$$

式中设 M_C 使梁的下部纤维受拉为正。根据 M_C 的影响线方程,并取水平线为基线,作 M_C 的影响线,如图 6.5(b)所示。

（2）作 F_{SC} 的影响线。

荷载 $F(F=1)$ 在 C 点以左移动时,取 CD 为脱离体,由 $\sum F_y = 0$,得

$$F_{SC} = 0, \quad -3 \leqslant x < 0$$

荷载 $F(F=1)$ 在 C 点以右移动时,由 $\sum F_y = 0$,得 $F_{SC} = 1, 0 < x \leqslant 6$。

作 F_{SC} 的影响线,如图 6.5(c)所示。

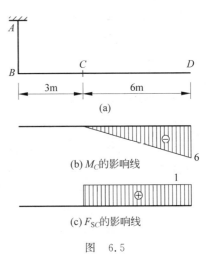

(b) M_C 的影响线

(c) F_{SC} 的影响线

图　6.5

6.2.2　外伸梁的影响线

设外伸梁如图 6.6(a)所示,试作出它的 F_A、F_B、M_C、F_{SC}、M_D 和 F_{SD} 的影响线。

（1）作 F_A 的影响线。

分段：因在 EF 梁内只需列出一个 F_A 的影响线方程,故无须分段作影响线。

控制点：取 A、B 两支座为控制点,这样计算 F_A 值较简便。

当荷载 $F(F=1)$ 在 A 点时,得 $F_A = 1$;当荷载 F 在 B 点时,得 $F_A = 0$。

据此可作出 AB 段内 F_A 的影响线,并将它分别延伸至边界点 E 和 F,即得到 F_A 的影响线,如图 6.6(b)所示。

（2）作 F_B 的影响线。

作法与作 F_A 的影响线相同,所作 F_B 的影响线如图 6.6(c)所示。

（3）作 M_C 的影响线。

分段：分为 CE 和 CF 两段。

控制点：在 CE 段,取 A、C 两点为控制点。

当荷载 $F(F=1)$ 位于 A 点时,求得 $M_C = 0$;当荷载 F 位于 C 点时,求得 $M_C = \dfrac{ab}{l}$。

据此作出 AC 段内 M_C 的影响线,并将其向左延长至自由端 E 即得到 CE 段内的 M_C 的影响线。

在 CF 段,取 C、B 两点为控制点。

当荷载 $F(F=1)$ 位于点 C 时,求出 $M_C = \dfrac{ab}{l}$;当荷载 F 位于点 B 时,求出 $M_C = 0$。

据此作出 CB 段内 M_C 的影响线,并将其向右延长至自由段 F 即得到 CF 段 M_C 的影响线。

M_C 的影响线如图 6.6(d)所示。

(4) 作 F_{SC} 的影响线。

应分为 CE 和 CF 两段作 F_{SC} 的影响线,其作法与作 M_C 的影响线相同。F_{SC} 的影响线如图 6.6(e)所示。

(5) 作 M_D 的影响线。

分段:因 DE 段与 DF 段内的 M_D 影响线方程不同,故分为 DE 和 DF 两段作影响线。控制点:在 DE 段,取 D、E 两点为控制点。

当荷载 $F(F=1)$ 位于点 D 时,求出 $M_D=0$;当荷载 F 位于点 E 时,求出 $M_D=-c$。

据此作出 DE 段内 M_D 的影响线如图 6.6(f)所示。

(6) 作 F_{SD} 的影响线。

应分为 DE 和 DF 两段作 F_{SD} 的影响线,作法与作 MD 的影响线相同。F_{SD} 影响线如图 6.6(g)所示。

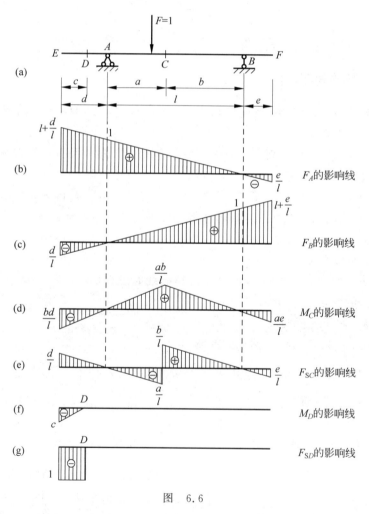

图　6.6

由上面例题可知,对于外伸梁,作任一支座反力或中间部分任意截面的内力影响线时,只要先作出其中简支梁的影响线,然后将影响线向伸臂部分延长即可。如作伸臂部分任意截面内力的影响线,只需在该截面以外的伸臂部分作出其影响线,而在该截面以内的影响线纵距均等于零。

下面举例来说明如何作其他静定结构的影响线。

例 6.2　试作图 6.7(a)所示结构中 F_{NBC} 和 M_D 的影响线。

解　解题思路:作 F_{NBC} 的影响线,先求垂直分力 F_{BCy},然后作 F_{BCy} 的影响线,再乘以 $\dfrac{5}{3}$。M_D 的影响线的作法与外伸梁作法相同。

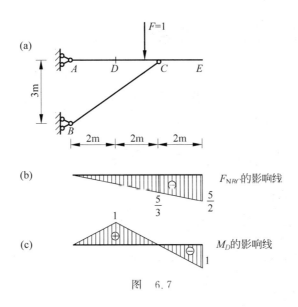

图　6.7

解题过程:

(1) 作 F_{NBC} 的影响线。

首先作 F_{NBC} 的垂直分力 F_{BCy} 的影响线,它相当于外伸梁支座反力的影响线(杆 AE 可视为一根外伸梁)。然后将 F_{BCy} 的影响线放大 $\dfrac{5}{3}$ 倍(因 $F_{NBC}=\dfrac{5}{3}F_{BCy}$),就得到 F_{NBC} 的影响线,如图 6.7(b)所示。图中负号表示压力。

(2) 作 M_D 的影响线。

作 M_D 的影响线与作外伸梁中指定截面的弯矩影响线的方法相同,所作的影响线如图 6.7(c)所示。

例 6.3　试作如图 6.8(a)所示刚架固定端 A 的弯矩 M_{AB} 的影响线。

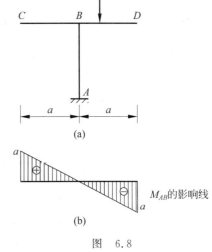

图　6.8

解　解题思路:该题与作外伸梁的影响线基本相同,注意 A 点与 B 点的影响线相同,要沿 DC 方向绘制。

解题过程：

分段：当荷载 F 在梁 DC 上移动时，M_{AB} 的影响线方程只有一个，故全梁不分段。

控制点：取点 D、C 为控制点。

当荷载 $F(F=1)$ 位于点 D 时，$M_{AB}=-a$；当荷载 F 位于点 C 时，$M_{AB}=a$。

式中弯矩为正值时表示 AB 柱右侧受拉。作出 M_{AB} 的影响线如图 6.8(b) 所示。

注意，因影响线的横坐标表示荷载 $F(F=1)$ 的位置，所以 M_{AB} 的影响线的基线应沿横梁 DC 方向，如图 6.8(b) 所示，不能沿柱子 AB 方向。

6.3　间接荷载作用下简支梁的影响线

在桥梁或房屋建设中，计算某些主梁时，通常假定纵梁简支在横梁上，而横梁又简支在主梁上，如图 6.9(a) 所示。荷载直接作用于纵梁上，通过横梁传到主梁，由此可见，不论纵梁受何种荷载，主梁总是通过横梁结点受集中力的作用。对主梁来说，这种荷载称为**间接荷载**。

下面只讨论主梁在间接荷载作用下弯矩 M 的影响线的绘制方法。

6.3.1　M_C 的影响线

C 点是结点所在截面，当荷载 $F(F=1)$ 在 C 点以右时，利用 F_A 求 M_C，由此可见 M_C 的影响线与简支梁受直接荷载作用的影响线相同，如图 6.9(b) 所示，C 点的竖标 $\dfrac{ab}{l}=\dfrac{3}{4}d$。

6.3.2　M_D 的影响线

D 截面是主梁上的任一截面，若单位移动荷载 $F(F=1)$ 在 CE 段移动时，则主梁在 C、E 处将分别承受结点荷载 $\dfrac{d-x}{d}$ 及 $\dfrac{x}{d}$ 的作用。如图 6.9(d) 所示。设 y_C 和 y_E 分别为直接荷载作用时 M_D 的影响线在 C、E 两点的竖标值，如图 6.9(c) 所示，依据叠加原理和影响线的定义可知，在两个结点荷载 $\dfrac{d-x}{d}$ 及 $\dfrac{x}{d}$ 的作用下 M_D 的影响线系数为

$$y=y_C\frac{d-x}{d}+y_E\frac{x}{d}$$

上式为 x 的一次式，故知在结点荷载作用下，M_D 的影响线在 CE 段为一直线。

若单位移动荷载作用于 C 点或 E 点，由前述可知，结点荷载作用与直接荷载作用完全相同，结点荷载作用于 C 点时，M_D 的影响线的竖标 $y_C=\dfrac{5}{8}d$，同理 $y_E=\dfrac{3}{4}d$。依据以上分析可以绘制出 M_D 的影响线，如图 6.9(c) 所示。

综上所述，可以得出在间接荷载作用下简支主梁影响线的绘制方法：

先作直接荷载作用下的影响线，然后算出各结点处对应的竖标，用直线联结相邻两结点的竖标，即得间接荷载作用下的影响线。

F_{SD} 的影响线如图 6.9(e) 所示。

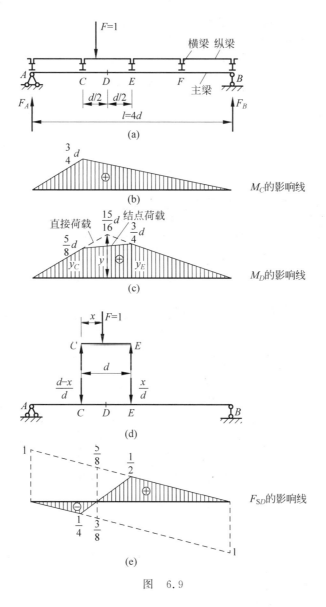

图　6.9

例 6.4　试作图 6.10(a)所示结点荷载作用下,主梁支座反力的影响线和截面 C 的弯矩影响线。已知 $l=5\mathrm{m}, a=3\mathrm{m}, b=2\mathrm{m}, d=2\mathrm{m}, l_1=2\mathrm{m}$。

解　解题思路:结点处 M 的影响线与简支梁 M 的影响线作法一样;两结点间 M 的影响线的作法是先求两结点影响线竖标,连成直线即为两结点间某一点 M 的影响线。

解题过程:

(1) 作 F_A 的影响线。

依据上述结论,先作主梁在直接荷载作用下支座反力 F_A 的影响线,如图 6.10(b)所示。结点荷载作用处主梁的影响线与直接荷载作用时相同,只有 GA、FH 两段须计算结点处的竖标。由比例关系可求得 $y_A=1, y_F=-\dfrac{1}{5}, y_G=y_H=0$。结点对应的竖标间用直线相连即得。$F_B$ 的影响线的绘制方法与 F_A 相同,如图 6.10(c)所示。

（2）作 M_C 的影响线。

先作主梁在直接荷载作用下 M_C 的影响线。然后再进行修正,同样只需修改 GA、FH 两段即可,且其中的 GA 段承受荷载时 M_C 并不受影响。对于 FH 段,由图 6.10(d)的比例关系可求出 F 结点处的竖距 $y_F = -\dfrac{1}{2} \times 1.2 = -0.6$,将各相邻顶点用直线联结起来,便得到 M_C 的影响线,如图 6.10(d)所示。

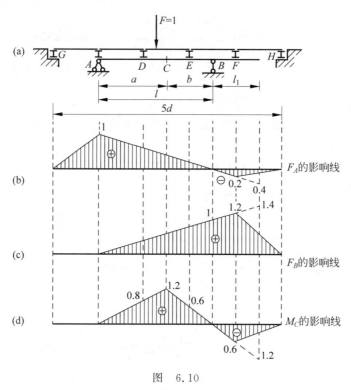

图　6.10

6.4　移动标准荷载

对于公路上行驶的汽车、拖拉机,铁路上行驶的机车等,进行结构设计时不可能对每一种情况都进行精确计算。为此,工程中经过统计分析,制定出一种统一的标准荷载来进行设计。

我国公路桥涵设计时,所采用的公路标准荷载有两种,即**计算荷载**和**验算荷载**。其中计算荷载以汽车车队表示,分为汽车-10 级、汽车-15 级、汽车-20 级和汽车-超 20 级四个等级。车队的纵向排列和横向布置符合图 6.11 和图 6.12 的规定,主要技术指标应按表 6.1 的规定采用。按两行车队布载时,汽车荷载不予折减;当桥涵两行车道宽度大于 9m 且小于等于 12m 时(有硬路肩时,包括硬路肩宽度),按三行车队布载,汽车荷载可折减 20%;按四行车队布载,汽车荷载可折减 30%,且折减后不得小于用两行车队布载的计算结果。

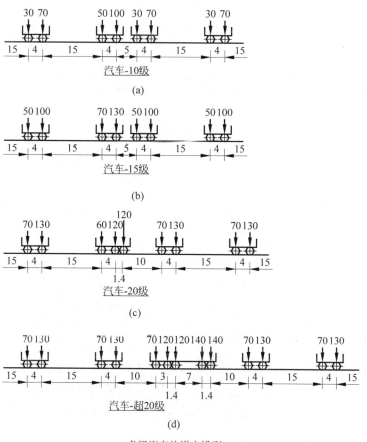

各级汽车的纵向排列
轴重力单位：kN；尺寸单位：m

图　6.11

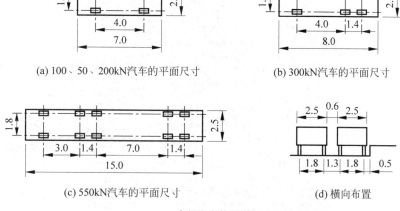

(a) 100、50、200kN汽车的平面尺寸　　　　(b) 300kN汽车的平面尺寸

(c) 550kN汽车的平面尺寸　　　　(d) 横向布置

各级汽车的平面尺寸和横向布置
尺寸单位：m

图　6.12

验算荷载以平板挂车和履带车表示。荷载分为挂车-80、挂车-100、挂车-120 和履带-50 四种。其纵向排列和横向布置如图 6.13 所示,主要技术指标见表 6.2。有关公路桥涵设计的其他技术指标,详见有关规程。

表 6.1   各级汽车荷载主要技术指标

| 主要指标 | 单位 | 汽车-10级 | | 汽车-15级 | | 汽车-20级 | | 汽车-超20级 | |
		主车	重车	主车	重车	主车	重车	主车	重车
一辆汽车总重力	kN	100		150		200		300		550
一行汽车车队中重车辆数	辆	—		1		1		1		1
前轴重力	kN	30		50		70		60		30
中轴重力	kN	—		—		—		—		—
后轴重力	kN	70		100		130		2×120		2×140
轴距	m	4.0		4.0		4.0		4.0+1.4		3+1.4+7+1.4
轮距	m	1.8		1.8		1.8		1.8		1.8
前轮着地宽度×长度	m×m	0.25×0.2		0.25×0.2		0.3×0.2		0.3×0.2		0.3×0.2
中、后轮着地宽度×长度	m×m	0.5×0.2		0.5×0.2		0.6×0.2		0.6×0.2		0.6×0.2
车辆外形尺寸(长×宽)	m×m	7×2.5		7×2.5		7×2.5		8×2.5		15×2.5

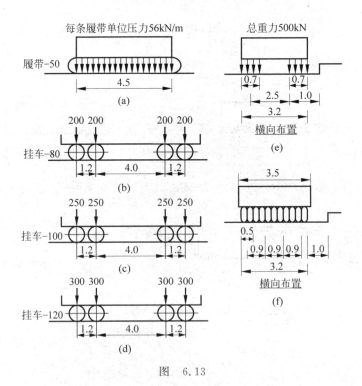

图 6.13

表 6.2　平板挂车和履带车荷载主要技术指标

主要指标	单位	履带-50	挂车-80	挂车-100	挂车-120
车辆重力	kN	500	800	1000	1200
履带数或车轴数	个	2	4	4	4
各条履带压力或每个车轴重力	kN	56	200	250	300
履带着地长度或纵向轴距	m	4.5	1.2+4.0+1.2	1.2+4.0+1.2	1.2+4.0+1.2
每个车轴的车轮组数目	组	—	4	4	4
履带或车轮横向中距	m 或 m×m	2.5	3×0.9	3×0.9	3×0.9
履带宽度或每对车轮着地宽×长	m 或 m×m	0.7	0.5×0.2	0.5×0.2	0.5×0.2

针对我国铁路桥涵设计使用的标准荷载,称为中华人民共和国铁路标准活载,简称"中-活载"。"中-活载"包括普通活载和特种活载两种,如图 6.14 所示。

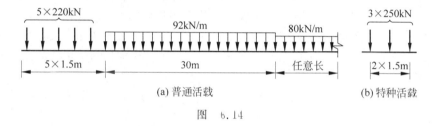

(a) 普通活载　　　　　　　(b) 特种活载

图　6.14

普通活载的组成共分 3 段,前面一段的 5 个集中荷载代表一台蒸汽车的 5 个轴重,中部一段均布荷载代表煤水车及其联挂的另一台机车及煤水车的车重,最后一段任意长的均布荷载代表车辆的平均重量。特种活载代表个别重型车辆的轴重。设计时,应以普通活载与特种活载二者所产生的较大内力作为设计依据。通常在小跨度(约 7m 以下)时,特种活载起决定性作用。

使用中-活载时应注意:

(1) 列车可以自左端或右端进入桥梁,设计时,以两种进桥方式中产生较大内力者作为设计依据。

(2) 所设计结构上承受的中-活载,可以在图 6.14 所示的图中任意截取,但应注意不能变更轴距。

(3) 图 6.14 所示荷载是一线(即一个车道)上的荷载,如果桥梁是由两根主梁组成的单线桥,那么,每根主梁只承受图示荷载的一半。

6.5　影响线的应用

绘制影响线的目的是利用它求实际移动荷载作用于某已知位置时,某一量值的最大值。先来讨论若干集中荷载和均布荷载作用下,如何利用影响线求量值。

6.5.1　求支座反力和内力

1. 集中荷载作用下量值的计算

作影响线时使用的是单位移动荷载,故利用影响线可求其他荷载作用下的支座反力和内力。

如图 6.15(a)所示为跨度 12m 的简支梁,设移动荷载 $F=200$kN,移动到该梁中点 C 停下,问此荷载作用下,反力 F_A 和弯矩 M_C 之值各为多少?

当利用影响线求解时,要先作 F_A 和 M_C 的影响线,如图 6.15(b)、(c)所示。根据影响线的定义,当单位移动荷载($F=1$)移动到梁的 C 点时,F_A 与 M_C 的大小分别等于各自影响线的中点竖标,即 $F_A=\dfrac{1}{2}$,$M_C=3$。现梁上的荷载并非 1 而是 200kN,根据叠加原理,上述问题的解为

$$F_A=200\text{kN}\times\frac{1}{2}=100\text{kN}$$

$$M_C=200\text{kN}\times3\text{m}=600\text{kN}\cdot\text{m}$$

由此推广,如图 6.16(a)所示,设有一组集中荷载 F_1、F_2、F_3 作用于简支梁上,位置已知。试确定 C 截面的剪力和弯矩。F_{SC} 和 M_C 的影响线如图 6.16(b)、图 6.16(c)所示。各荷载作用点在 F_{SC} 的影响线上对应的竖标为 y_1、y_2、y_3,由 F_1 产生的 F_{SC} 等于 F_1y_1,F_2 产生的 F_{SC} 等于 F_2y_2,F_3 产生的 F_{SC} 等于 F_3y_3。利用叠加原理,可得在这组荷载作用下,F_{SC} 的数值为

$$F_{SC}=F_1y_1+F_2y_2+F_3y_3$$

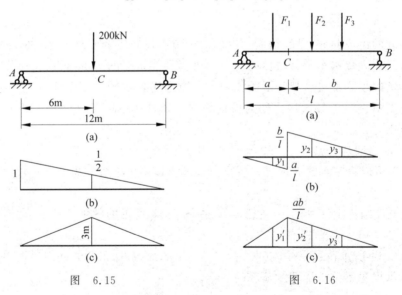

图　6.15　　　　　　　　图　6.16

同理,在这组荷载作用下 M_C 的值为

$$M_C=F_1y_1'+F_2y_2'+F_3y_3'$$

一般来说,设有一组集中移动荷载 $F_1,F_2,\cdots,F_n$ 作用于结构上,某一量值 S 的影响线在各荷载作用处的竖标为 $y_1,y_2,\cdots,y_n$,则

$$S=F_1y_1+F_2y_2+\cdots+F_ny_n=\sum F_iy_i \tag{6-1}$$

上式即为集中荷载下影响量值的计算公式。

2. 均布荷载作用下的计算

设结构受均布荷载作用,其集度为 $q(\text{kN/m})$,如图 6.17(a)所示。把 $\text{d}x$ 一段的荷载 $q\text{d}x$

看作集中荷载,以 y 表示其量值 S 的影响线在该处的竖标,则 $q\,\mathrm{d}x$ 使 S 产生的数值为 $yq\,\mathrm{d}x$。全部均布荷载作用下 S 的数值为

$$S = \int_m^n yq\,\mathrm{d}x = q\int_m^n y\,\mathrm{d}x = q\int_m^n \mathrm{d}A = qA \qquad (6\text{-}2)$$

式中 $\mathrm{d}A = q\,\mathrm{d}x$,表示影响线中一段面积;$A$ 表示影响线中受载段对应的面积。值得注意的是,在计算面积 A 时,应考虑面积的正负。面积正负的确定方法:正影响线部分对应的面积为正,负影响线部分对应的面积为负。对于图 6.17(b)所示情况,A_1 为正,A_2 为负,面积 $A = A_1 - A_2$。

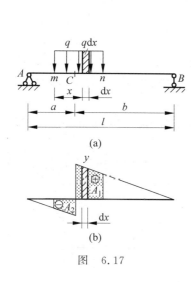

图 6.17

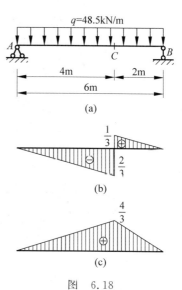

图 6.18

例 6.5 图 6.18(a)所示简支梁,全跨受均布荷载作用。利用相应的影响线求 C 截面的剪力 F_{SC} 和弯矩 M_C 的数值。

解 解题思路:先作指定截面 C 的影响线,再代入式(6-2)。

解题过程:分别作 F_{SC}、M_C 的影响线,如图 6.18(b)、(c)所示。利用式(6-2),得

$$F_{SC} = qA = 48.5\left(\frac{1}{2}\times\frac{1}{3}\times2 - \frac{1}{2}\times\frac{2}{3}\times4\right)\text{kN}$$

$$= -48.5\text{kN}$$

$$M_C = qA = 48.5\left(\frac{1}{2}\times6\times\frac{4}{3}\right)\text{kN}\cdot\text{m}$$

$$= 194\text{kN}\cdot\text{m}$$

例 6.6 求图 6.19(a)所示简支梁 C 截面的剪力 F_{SC}。

解 解题思路:先作 F_{SC} 的影响线,再分别代入式(6-1)和式(6-2)。

解题过程:首先作出 F_{SC} 的影响线,如图 6.19(b)所示。然后分别应用集中力作用求某量值的式(6-1)和均布荷载作用求某量值的式(6-2),得

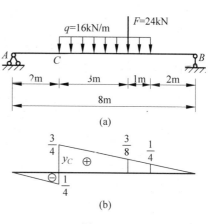

图 6.19

$$F_{SC} = \sum Fy + \sum qA = \left(24 \times \frac{3}{8} + 16 \times \frac{\frac{3}{4} + \frac{1}{4}}{2} \times 4\right)kN = (9 + 32)kN = 41kN$$

6.5.2　确定最不利荷载位置

　　影响线的主要用途在于确定移动荷载的最不利位置。根据影响线的概念可知,影响线表示某一量值随单位移动荷载移动而变化的图形,其竖标表示单位荷载移动到它所对应的位置时,对某量值的影响量。由式(6-1)可知,当一组集中移动荷载中的最大者或者分布较密的几个力分别移动到影响线竖标最大的位置时,其对应的某量值也就是可能的最大值。也就是说,在同样一组移动荷载作用下,荷载在这一位置产生的支座反力或内力达到最大,当然这个荷载位置就是**最危险的位置**;在工程上将这一荷载位置称为最不利荷载位置,并且可以进一步论证,这时必有一个集中荷载位于影响线的顶点上,如图 6.20(a)所示,通常将该荷载称为**临界荷载**,用 F_K 表示。由实践知,在简单情况下,影响线一般为三角形。若影响线为三角形时,可分 3 种情况进行分析。

　　(1) 若只有一个集中荷载 F 作用时,则该荷载位于影响线最大竖标处,即为最不利荷载位置。

　　(2) 若有两个集中荷载 F_1、F_2 作用时,最不利荷载位置为其中一个数值较大的荷载位于影响线最大竖标处,而把另一个荷载放在影响线坡度较缓的一边,如图 6.21 所示。

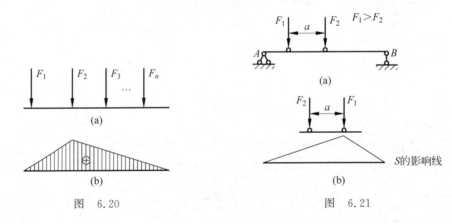

图　6.20　　　　　　　　　　　图　6.21

　　(3) 若有 3 个以上的集中荷载作用时,情况就比较复杂了。一般先用式(6-3)所示临界荷载判别式判断此组集中荷载中哪个荷载为临界荷载 F_K,然后再确定最不利荷载位置。

$$\begin{cases} \dfrac{\sum F_左 + F_K}{a} \geqslant \dfrac{\sum F_右}{b} \\[4mm] \dfrac{\sum F_右}{a} \leqslant \dfrac{\sum F_右 + F_K}{b} \end{cases} \tag{6-3}$$

式中,$\sum F_左$ 表示三角形影响线顶点左边集中荷载之和,$\sum F_右$ 表示三角形影响线顶点右边集中荷载之和,F_K 为临界荷载。式(6-3)所示临界荷载判别式的含义是:$\dfrac{\sum F_左 + F_K}{a} \geqslant$

$\dfrac{\sum F_{右}}{b}$ 表示当临界荷载 F_K 位于影响线左边时,左边荷载平均值大于右边荷载平均值;

$\dfrac{\sum F_{右}}{a} \leqslant \dfrac{\sum F_{右} + F_K}{b}$ 表示当临界荷载 F_K 位于影响线右边时,右边荷载平均值大于左边

荷载平均值(图 6.22)。由此可知,满足上述要求时为临界荷载,否则不为临界荷载。可以证明只有当临界荷载位于影响线顶点处的荷载位置才可能为最不利荷载位置。由此得出,对 3 个以上集中移动荷载作用确定最不利荷载位置的步骤如下:

(1) 从移动荷载中选定一力 F_K,使其位于影响线的顶点。

(2) 判断 F_K 影响线由顶点稍左移、稍右移时是否满足临界判别式(6-3),满足者为临界荷载,否则不为临界荷载。

(3) 找出所有临界荷载,并计算出相应的各个影响量值,经比较,绝对值最大者即为最大(或最小)影响量值,它所对应的移动荷载位置即最不利荷载位置。

对于可以任意断续布置的均布活荷载,最不利荷载位置是较容易确定的。由式(6-2)知,当均布活荷载布满影响线的正号面积部分时,其对应的量值 S 取得最大正值;反之,当均布活荷载布满影响线的负号面积部分时,其对应的量值 S 取得最大负值。如图 6.23(a)所示简支梁,要求 K 截面剪力的最大值 $F_{SK\,max}$(最大正值)和最小值 $F_{SK\,min}$(最大负值),则相应的最不利荷载位置如图 6.23(c)、(d)所示。

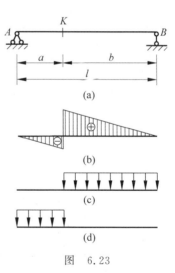

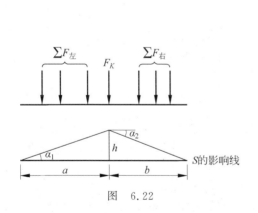

图　6.22

图　6.23

例 6.7　两台吊车的轮压及轮距如图 6.24(a)所示,求吊车梁 AB 截面 C 的最大剪力和最大弯矩。

解　解题思路:中间两个力很大,且靠得很近,可判定最大集中力在影响线顶点就是最不利荷载位置,不需用临界荷载判别式(6-3)。

解题过程:分别作出 F_{SC} 和 M_C 的影响线,如图 6.24(c)、(d)所示。欲求 F_{SC} 的最大正值,最不利荷载应放在 F_{SC} 影响线的正号部分。因中间两个轮压相距较近,较大的荷载 435kN 应放在 C 点以右截面处,最不利荷载位置如图 6.24(b)所示。由图 6.24(b)、(c),利用式(6-1),得

$$F_{SC\max} = F_1 y_1 + F_2 y_2 = \left(435 \times \frac{2}{3} + 295 \times \frac{17}{40}\right) \text{kN} \approx 415.38\text{kN}$$

同理,欲求 M_C 的最大值,应将中间两荷载中的最大荷载 435kN 放在影响线的顶点。这样,最不利荷载位置也是图 6.24(b)、(d)。由图 6.24(a)、(d)知

$$F_1 = 435\text{kN}, \quad y_1 = \frac{4}{3}$$

$$F_2 = 295\text{kN}, \quad y_2 = \frac{51}{60}$$

利用式(6-1),得

$$M_C = F_1 y_1 + F_2 y_2 = \left(435 \times \frac{4}{3} + 295 \times \frac{51}{60}\right) \text{kN} \cdot \text{m} = 830.75\text{kN} \cdot \text{m}$$

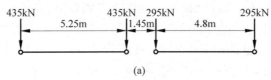

(a)

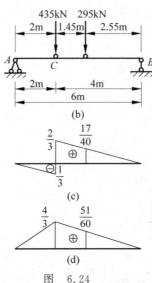

(b)

(c)

(d)

图　6.24

例 6.8　利用影响线求图 6.25(a)所示简支梁跨中截面 C 的最大弯矩。

解　解题思路:利用式(6-3)依次判断各荷载是否为临界荷载,计算出所有临界荷载下 C 截面的弯矩值 M_C,最大者即为 $M_{C\max}$。

解题过程:首先作出 M_C 的影响线,如图 6.25(b)所示。

设活荷载由左向右移动。

首先检验 F_1 是否临界荷载。根据条件式(6-3)判定如下:

$$\frac{70 + 30}{12} > \frac{0}{12}$$

$$\frac{30 + 70}{12} > \frac{30}{12}$$

可见，F_1 不能满足式(6-3)，故 F_1 不是临界荷载。

其次检验 F_2 是否临界荷载。根据荷载布置，当 F_2 在影响线顶点之左时，F_4 还没有进入影响线，所以不应考虑；但当 F_2 移到顶点之右时，已进入影响线，所以此时应该考虑。判定如下：

$$\frac{30+70}{12} > \frac{30}{12}$$

$$\frac{30+70}{12} = \frac{70+30}{12}$$

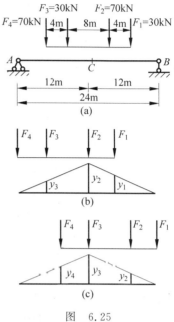

图 6.25

可见 F_2 满足临界荷载的条件，故 F_2 是一个临界荷载。

多个集中荷载作用在梁上时，临界荷载可能不止一个，因为在判定临界荷载时梁上荷载有进有出，不是固定的，所以必须考虑各种情况。下面再检验 F_3 是否临界荷载：

$$\frac{30+70}{12} = \frac{70+30}{12}$$

$$\frac{70}{12} < \frac{70+30}{12}$$

可见 F_3 也是一个临界荷载。

与 F_1 相同，F_4 也不是临界荷载。

当 F_2 位于影响线的顶点时(图 6.25(b))，利用比例关系，求出影响线的纵距如下：

$$y_1 = 4, \quad y_2 = 6, \quad y_3 = 2$$

所以

$$M_C = \sum F \cdot y = (30 \times 4 + 70 \times 6 + 30 \times 2)\text{kN} \cdot \text{m} = 600\text{kN} \cdot \text{m}$$

当 F_3 位于影响线顶点时(图 6.25(c))，影响线的纵距为

$$y_2 = 2, \quad y_3 = 6, \quad y_4 = 4$$

所以

$$M_C = \sum F \cdot y = (70 \times 2 + 30 \times 6 + 70 \times 4)\text{kN} \cdot \text{m} = 600\text{kN} \cdot \text{m}$$

实际上，此例中，可以证明从 F_2 来到顶点时起，到 F_3 到达这个位置止，M_C 为一常数，这说明有许多荷载位置都是最不利荷载位置，故得

$$M_C = 600\text{kN} \cdot \text{m}$$

因本题跨中截面弯矩影响线是对称的，因此不需要将活荷载调头计算。

例 6.9 试求图 6.26(a)所示公路桥在汽车-15 级车队荷载作用下，C 截面最大弯矩 $M_{C\max}$ 及其最不利荷载位置。

解 解题思路：先作 M_C 的影响线，分别根据车队左、右行驶计算 M_C 值，再判断 C 截面是否最不利荷载位置。

解题过程：汽车-15 级车队荷载中，最重车后轮压力 130kN 可作为临界荷载，利用影响线求 $M_{C\max}$ 时，将 $F_K = 130$kN 置于影响线顶点 C 点，因车队左行，右行时荷载顺序不同，故其荷载的布置有两种情况。

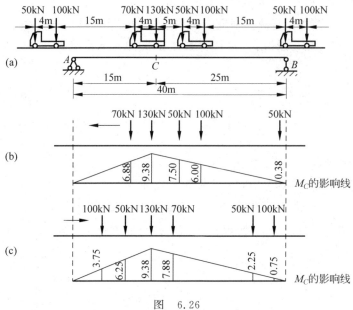

图 6.26

（1）车队向左行驶，如图 6.26(b)所示：

$M_C = (70 \times 6.88 + 130 \times 9.38 + 50 \times 7.5 + 100 \times 6 + 50 \times 0.38) \text{kN} \cdot \text{m} = 2\,694 \text{kN} \cdot \text{m}$

（2）车队向右行驶，如图 6.26(c)所示：

$M_C = (100 \times 3.75 + 50 \times 6.25 + 130 \times 9.38 + 70 \times 7.88 + 100 \times 2.25 + 50 \times 0.75) \text{kN} \cdot \text{m}$

$= 2\,720 \text{kN} \cdot \text{m}$

则 C 截面最大弯矩 $M_{C\max} = 2\,720 \text{kN} \cdot \text{m}$。

现在分析上述两荷载位置是否为最不利荷载位置。由图可知，此影响线为三角形，可利用判别式(6-3)来分析。若车队向左行驶，有

$$\frac{70+130}{15} > \frac{50+100+50}{25}$$

$$\frac{70}{15} < \frac{130+50+100+50}{25}$$

上述判别式表明，车队向左行驶时该位置为临界位置。

若车队向右行驶，有

$$\frac{100+50+130}{15} > \frac{70+100+50}{25}$$

$$\frac{100+50}{15} < \frac{130+70+100+50}{25}$$

上述判别式表明，车队向右行驶时也是临界位置。

经比较可知 $F_K = 130 \text{kN}$ 是临界荷载，向右行驶（图 6.26(c)）为最不利荷载位置，最大弯矩为 $M_{C\max} = 2\,720 \text{kN} \cdot \text{m}$。

6.6　简支梁的内力包络图与绝对最大弯矩

6.6.1　简支梁的内力包络图

前面我们已讨论了如何求梁上某一指定截面的弯矩最大值(最小值)和剪力最大值(最小值)。在设计承受活载的结构时,一般需求出梁在恒载及活载共同作用时各个截面的内力最大值和最小值,作为设计的依据。通常是作出内力包络图,即分别由梁各个截面的内力最大值和最小值连成的曲线。由梁各个截面的弯矩最大值和最小值分别连成的图线称为**弯矩包络图**;由梁各个截面的剪力最大值和最小值分别连成的图线称为**剪力包络图**。包络图表示各个截面上内力的极值,是结构设计的重要依据。例如在钢筋混凝土结构设计中,需要根据弯矩和剪力包络图来确定纵向和横向受力钢筋的配置。

现以图 6.27(a)中的吊车梁为例,说明简支梁弯矩包络图的作法。首先沿梁的轴线把梁分为若干等份,现分为十等份。对吊车梁来说,恒载引起的弯矩要比活载引起的小得多,设计中通常把它略去,只考虑活载引起的弯矩。利用影响线求出各等分截面上弯矩的最大值,再将各等分截面的弯矩最大值用纵距表示,连成曲线,就得到所求的弯矩包络图,如图 6.27(b)所示。图中最大的纵距值(即图中用虚线所表示者)称为梁的绝对最大弯矩,其计算方法见下节。

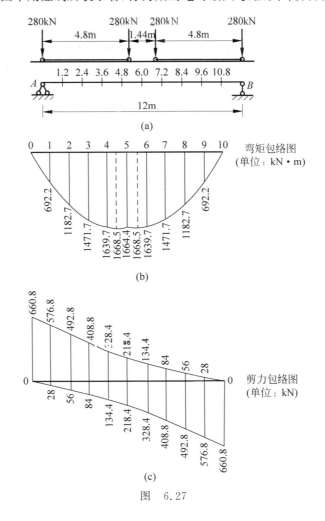

图　6.27

同理,可作出吊车梁的剪力包络图,如图6.27(c)所示。

6.6.2　简支梁的绝对最大弯矩

微课 18

前面已经讨论了在移动荷载作用下如何计算简支梁内某一指定截面的最大弯矩。但在设计时,必须从全梁的所有截面的最大弯矩中找出最大的一个作为设计的依据,这个最大弯矩称为绝对最大弯矩。

如图6.28所示的简支梁上有一组移动荷载,若求梁的绝对最大弯矩,可先用影响线求出各截面的最大弯矩,然后找出其中最大的一个即为所求绝对最大弯矩。但这样做比较麻烦,可用下述较简便的方法来求绝对最大弯矩。

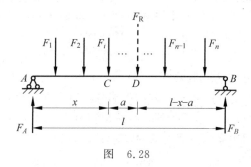

图　6.28

如前所述,最大弯矩总是发生在某一集中荷载的作用点处,所以可先假定最大弯矩发生在集中荷载 F_i 的作用点处。F_i 距 A 端为 x,F_R 表示梁上所有集中荷载的合力,a 为 F_R 与 F_i 之间的距离,并规定 F_R 在 F_i 的右边 a 为正,反之为负。由 $\sum M_B = 0$,得

$$F_{Ay} = \frac{F_R}{l}(l - x - a)$$

由此可得 F_i 作用处的截面 C 的弯矩为

$$M_C = F_{Ay}x - M_i = \frac{F_R(l - x - a)}{l}x - M_i$$

式中 M_i 表示 F_i 以左各荷载对截面 C 的力矩和。

当梁上移动荷载的数目没有变化时,则 F_R 和 M_i 为常数。

为求 M_C 的最大值,令

$$\frac{\mathrm{d}M_C}{\mathrm{d}x} = 0$$

则得

$$\frac{F_R}{l}(l - 2x - a) = 0$$

由此可得最大弯矩的位置

$$x = \frac{l - a}{2} = \frac{l}{2} - \frac{a}{2}$$

上式说明,当截面 C 的弯矩为最大时,合力 F_R 与 F_i 的距离 a 必为梁中线所平分。最大弯矩为

$$M_{\max} = \frac{F_R(l-a)^2}{4l} - M_i \tag{6-4}$$

因为假定 F_i 为集中荷载中的任意一个,故应求出每个荷载作用点处梁的最大弯矩,然后选出其中最大的一个即为绝对最大弯矩。当梁上的集中荷载较多时,这样做也比较麻烦。但实际计算表明,绝对最大弯矩通常总是发生在梁的中点附近,据此便可容易算出绝对最大弯矩。简单做法是:先确定使梁中点截面产生最大弯矩的临界荷载,再利用式(6-4)计算绝对最大弯矩,一般情况下其结果是相当接近的。

例 6.10　求图 6.29(a)所示简支梁的绝对最大弯矩。

解　解题思路:先求合力及合力作用点,确定 a,再代入式(6-4)计算。

解题过程:合力 $F_R = (100+50)\text{kN} = 150\text{kN}$。容易判断出绝对最大弯矩将发生在荷载 $F_2 = 100\text{kN}$ 的作用截面。合力 F_R 与 F_2 的距离 $a = -\dfrac{50 \times 4}{150}\text{m} \approx -1.33\text{m}$,取负号是由于 F_R 在 F 的左边。代入式(6-4)得

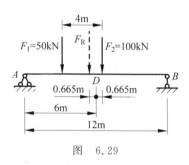

图　6.29

$$M_{\max} = \frac{F_R(l-a)^2}{4l} - M_i$$

$$- \left[\frac{150 \times (12-1.33)^2}{4 \times 12} - 50 \times 4 \right]\text{kN} \cdot \text{m} \approx 355.28\text{kN} \cdot \text{m}$$

6.7　连续梁的内力包络图

在 6.6 节中介绍了简支梁的内力包络图画法,本节介绍连续梁的内力包络图画法。连续梁内力包络图表示连续梁上各截面内力变化的极值,是设计连续梁的依据。它的绘制方法与简支梁内力包络图画法基本相同,只是连续梁的内力计算方法不同。

连续梁上一般作用着恒载和活荷载,通常对恒载和活荷载的效应分别进行计算。因恒载经常作用,所以产生的内力是固定不变的,故可只作出内力图,只有对活荷载才绘制内力包络图。当活荷载作用下各截面的最大和最小内力求出后,再将其与恒载产生的相应内力叠加,即得在恒载和活荷载共同作用下各截面的最大内力和最小内力。

连续梁在活荷载作用下,绘制其内力包络图的方法有两种。

(1)利用连续的影响线确定最不利荷载位置,按最不利荷载位置(见图 6.30)求出活荷载作用下各截面的最大内力和最小内力,把它们按一定比例尺用图形表示出来,这就是连续梁在活荷载作用下的内力包络图。显然,用这种方法绘制内力包络图计算工作量是很大的,一般不予采用。

(2)由于在均布活荷载作用下,连续梁各截面弯矩的最不利荷载位置是若干跨内布满均布活荷载,因此,最大和最小内力的计算可以简化。现以弯矩为例说明。只要将每一跨单独布满活荷载时的弯矩图逐一作出,然后对每一截面,将这些弯矩图中对应的所有正弯矩值相加,就得该截面在活荷载作用下的最大弯矩;将所对应的所有负弯矩值相加,就得到该截面在活荷载作用下的最小弯矩。然后再将它们分别与恒载作用下对应的弯矩图叠加,便得

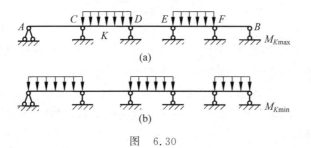

图　6.30

到截面总的最大弯矩和最小弯矩。显然,这一方法比较简单,因此,在工程中经常采用。

下面以图 6.31(a)所示连续梁为例,具体说明作连续内力包络图的步骤。

(1)把每一跨分为若干等份,取等分处的截面作为计算截面。本题每跨分为四等份。

(2)绘制出由恒载作用的弯矩图 $M_恒$,并算出每个等分面的弯矩值,如图 6.31(b)所示。

(3)逐次绘制出每一跨单独布满活荷载时引起的弯矩图,并算出每个等分面的弯矩值,如图 6.31(c)、(d)、(e)所示。

(4)求出各计算截面的 M_{max} 和 M_{min} 。

任一截面 K 的最大弯矩和最小弯矩按下式计算:

$$M_{K\max} = M_{K恒} + \sum M_{K活}^{+}$$

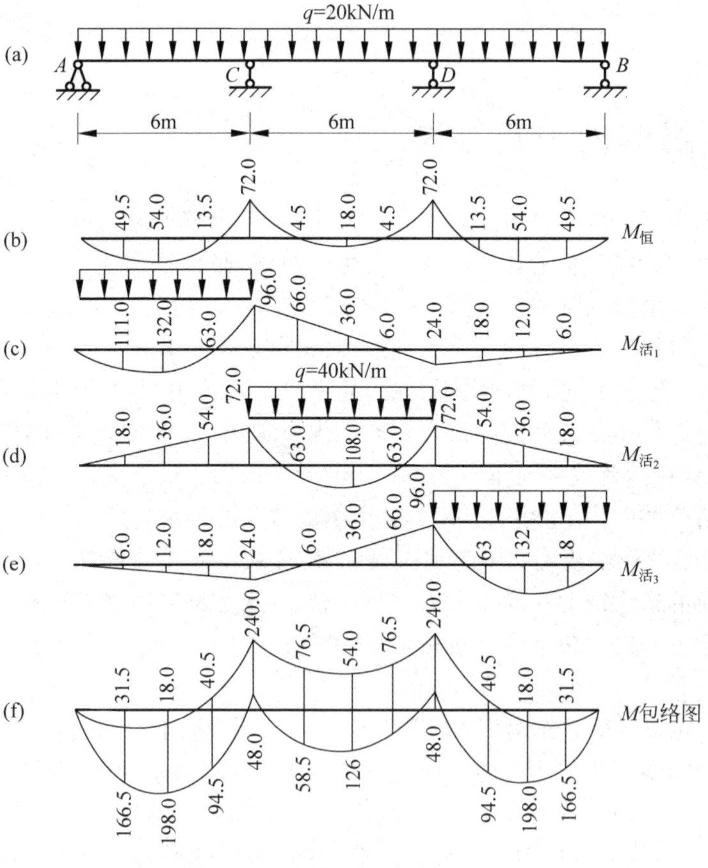

图　6.31

$$M_{K\min} = M_{K恒} + \sum M_{K活}^-$$

例如第 1 跨的第 2 截面的 $M_{K\max}$ 为

$$M_{K\max} = (54.0 + 132.0 + 12.0)\text{kN} \cdot \text{m} = 198.0\text{kN} \cdot \text{m}$$

$M_{K\min}$ 为

$$M_{K\min} = (54.0 - 36.0)\text{kN} \cdot \text{m} = 18.0\text{kN} \cdot \text{m}$$

（5）将各截面的 $M_{\max}$ 值用纵坐标表示出来，用曲线连起来得 $M_{\max}$ 曲线；将各截面的 $M_{\min}$ 值用纵坐标表示出来，用曲线连起来得 $M_{\min}$ 曲线。这两条曲线即为连续梁的弯矩包络图，如图 6.31(f)所示。

绘制连续梁剪力包络图的方法与绘制弯矩包络图的方法类似，即先分别作出恒载作用下的剪力图，如图 6.32(b)所示，以及各跨单独承受活荷载时的剪力图，如图 6.32(c)、(d)、(e)所示，然后像绘制弯矩包络图那样进行剪力的最不利组合，便得到剪力包络图，如图 6.32(f)所示。

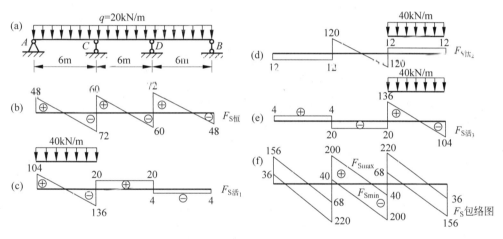

图 6.32

例如：C 支座左侧截面处，

$$F_{SC左\max} = [(-72) + 4]\text{kN} = -68\text{kN}$$

$$F_{SC左\min} = [(-72) + (-136) + (-12)]\text{kN} = -220\text{kN}$$

由于在设计中用到的主要是各支座附近截面上的剪力值，因此，通常只将支座两侧截面的最大剪力值与最小剪力值求出，在每跨中用直线连接，便得到近似的剪力包络图，如图 6.32(f)所示。

复习思考题

1. 什么是影响线？其横坐标和纵坐标的物理意义各是什么？

2. 绘制影响线时为什么要用单位荷载？影响线中的竖标 y 与单位荷载有什么联系？

3. 如图 6.33 所示分别为简支梁 C 截面的剪力影响线和固定荷载 $F=1\text{kN}$ 作用在 C

截面的剪力图,问:

(1) 二者在 C 点均有突变,它们各代表什么含义?

(2) 利用 F_{SC} 的影响线如何求固定荷载 F 作用在 C 截面时的 $F_{SC}^{左}$ 和 $F_{SC}^{右}$ 值?

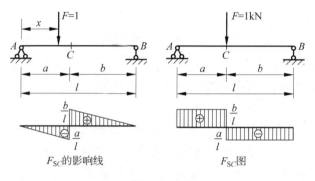

图　6.33

4. 什么叫临界荷载? 什么叫荷载的最不利位置?

5. 影响线的有哪些应用?

6. 内力图、内力包络图、影响线三者有何区别?

7. 为什么不能用影响线求梁的绝对最大弯矩所在截面的位置?

8. 在何种情况下简支梁跨中截面的最大弯矩就是梁的绝对最大弯矩?

9. 简支梁的绝对最大弯矩与跨中截面的最大弯矩有何区别?

练习题

1. 作图 6.34 所示梁截面 C 处的 M_C、F_{SC} 的影响线。

2. 作图 6.35 所示梁截面 C、D 处的 M、F_S 的影响线。

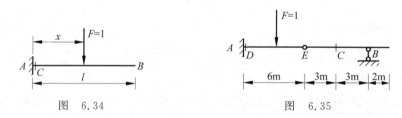

图　6.34　　　　　　　　图　6.35

3. 作图 6.36 所示悬臂梁支座 B 的反力 F_B、M_B 和截面 C 的内力 F_{SC}、M_C 的影响线。

4. 作图 6.37 所示外伸梁 F_A、F_B、F_{SC}、M_C 的影响线。

5. 设有可以任意布置的均布荷载 $q=40\text{kN/m}$ 作用于图 6.38 所示的双伸臂梁上,利用影响线求:(1)支座 A 的最大反力;(2)截面 A 的最大弯矩(绝对值);(3)截面 C 的最大正负弯矩。

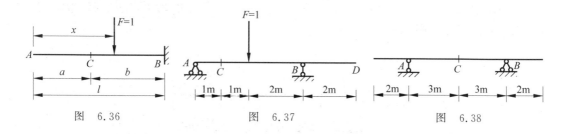

图 6.36　　　　　图 6.37　　　　　图 6.38

6. 图 6.39 所示简支梁 AB 上作用着可移动的吊车(吊车不能移出梁外)。试求在此吊车荷载作用下 C 截面弯矩和剪力的最大绝对值。

7. 两台吊车如图 6.40 所示,求吊车梁的 M_C、F_{SC} 荷载最不利位置,相应的 M_C 最大值、F_{SC} 的最大值。

8. 两台吊车荷载同上题,求图 6.41 所示梁支座 B 的最大反力。

9. 求图 6.42、图 6.43 所示简支梁的绝对最大弯矩,并与跨中截面的最大弯矩相比较。

10. 求图 6.44 所示简支梁的绝对最大弯矩。

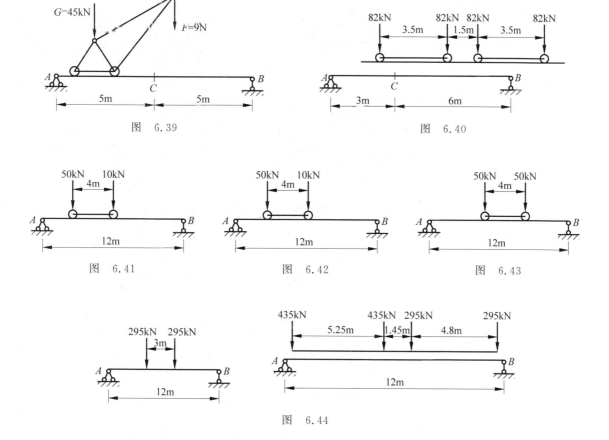

图 6.39　　　　　　　　　　　　图 6.40

图 6.41　　　　　　图 6.42　　　　　　图 6.43

图 6.44

11. 图 6.45 所示的连续梁,每跨除承受两个集中恒载 $F = 20\text{kN}$ 外,还承受两个集中活

载 $p=30\text{kN}$ 的作用。设同一跨上的两个集中活载是同时作用的,其作用点与恒载相同,试作出弯矩和剪力包络图。$EI=$ 常数。

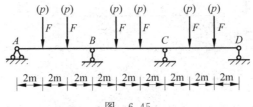

图　6.45

练习题参考答案

1. 答案略。2. 答案略。

3. $F_B=\begin{cases}1(B\text{ 点})\\1(A\text{ 点})\end{cases}$,　$M_B=\begin{cases}0(B\text{ 点})\\-l(A\text{ 点})\end{cases}$,　$F_{SC}=\begin{cases}0(CB\text{ 右段})\\1(AC\text{ 左段})\end{cases}$,　$M_C=\begin{cases}0(CB\text{ 段})\\-a(A\text{ 点})\end{cases}$。

4. $F_A=\begin{cases}0(B\text{ 点})\\1(A\text{ 点})\\-\dfrac{1}{2}(D\text{ 点})\end{cases}$,$F_B=\begin{cases}0(A\text{ 点})\\\dfrac{1}{4}(C\text{ 点})\\\dfrac{3}{2}(D\text{ 点})\end{cases}$,$F_{SC}=\begin{cases}-\dfrac{1}{4}(C\text{ 左})\\\dfrac{3}{4}(C\text{ 右})\\-\dfrac{1}{2}(D\text{ 点})\end{cases}$,$M_C=\begin{cases}\dfrac{3}{4}(C\text{ 点})\\0(B\text{ 点})\\-\dfrac{1}{2}(D\text{ 点})\end{cases}$。

5. (1) $F_{A\max}=213.33\text{kN}$;　(2) $M_{A\max}=80\text{kN}\cdot\text{m}$;
   (3) $M_{C\max}=180\text{kN}\cdot\text{m}$,　$M_{C\min}=-80\text{kN}\cdot\text{m}$。

6. $M_{C\max}=126\text{kN}\cdot\text{m}$,　$F_{SC\max}=25.2\text{kN}$。

7. $M_{C\max}=314\text{kN}\cdot\text{m}$,　$F_{SC\max}=104.5\text{kN}$。

8. $F_{B\max}=237\text{kN}$。

9. 答案略。

10. 绝对最大弯矩为 $355.6\text{kN}\cdot\text{m}$　跨中截面最大弯矩为 $350\text{kN}\cdot\text{m}$。

11. 答案略。

第7章

梁和刚架的塑性分析

本章学习目标

- 了解结构塑性分析的概念。
- 掌握极限弯矩、极限状态和塑性铰的概念。
- 了解比例加载时判定极限荷载的一般定理。
- 会计算梁、刚架的极限荷载。

前面讨论的都是结构的弹性变形,由弹性计算理论可知,弹性计算不能充分利用材料的承载能力,为此引入结构的塑性分析。利用结构塑性分析可以充分地利用材料的承载能力,降低成本。

7.1　结构塑性分析的基本概念

7.1.1　概述

前面各章讨论了结构弹性分析的原理和方法,在讨论中,假定应力与应变之间呈线性关系,即材料服从胡克定律。根据弹性分析,可以求得结构的最大应力 $\sigma_{\max}$。按照弹性设计方法(也称许用应力设计方法),认为结构和各部分尺寸应该保证其最大应力 $\sigma_{\max}$ 不大于材料的许用应力[σ],即弹性分析的强度条件为

$$\sigma_{\max} \leqslant [\sigma] = \frac{\sigma_{\mathrm{b}}}{k}$$

式中,σ_{b} 为材料的强度极限,对于具有明显屈服点的塑性材料,取其屈服极限 σ_{s} 作为强度极限;k 为应力安全系数。

许用应力的设计方法,至今在工程设计中仍然采用。但是,对于塑性材料结构,尤其是超静定结构,当某些局部应力达到屈服极限 σ_{s} 时其结构并不破坏。由此可见,按照许用应力设计的弹性方法存在局限性。

根据结构某些局部可以进入塑性工作阶段的情况,塑性设计时应该确定结构破坏时所能承担的荷载,这种荷载称为**结构的极限荷载**,以 F_{u} 表示。分析结构极限荷载的过程称为结构的塑性分析。塑性分析的强度条件为

$$F \leqslant \frac{F_{\mathrm{u}}}{K}$$

式中,F 为结构实际承受的荷载;K 为荷载安全系数。

基于塑性分析的结构设计称为**极限设计**。这种设计方法目前正被各种工程设计规范所

接受,尤其在钢结构和混凝土结构的设计中。

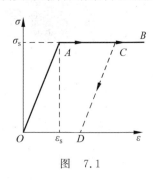

图　7.1

在结构塑性分析中,为简化计算,通常假设材料具有理想弹塑性,采用图 7.1 所示的应力-应变关系。在应力 σ 达到屈服极限 σ_s 以前,应力-应变为线性关系,即 $\sigma = E\varepsilon$,如图 7.1 中 OA 段所示。当应力达到屈服极限时,相应的应变 ε_s 称为**屈服应变**,材料进入塑性流动状态,如图 7.1 中 AB 段所示。如果塑性流动达到 C 点后发生卸载,则应力-应变曲线沿着与 OA 平行的直线 CD 下降。应力降至零时,有残余应变 OD。由此可见,材料在加载时是弹塑性的,卸载时是弹性的。同时也看到,材料经历塑性变形后,应力与应变之间不再是单值对应关系,即同一个应力值可对应不同的应变值,同一个应变值也可对应不同的应力值。

应该指出,在结构塑性分析中叠加原理不再适用,因此对于各种荷载组合都必须单独进行计算。

7.1.2　极限弯矩、极限状态与塑性铰

在进行结构塑性分析以前,先研究一个截面的塑性状态,如图 7.2 所示,它是由理想弹塑性材料组成的矩形截面梁。假设弯矩作用在纵向对称轴所在的平面内,当弯矩增加时,梁的各部分逐渐由弹性阶段过渡到塑性阶段。

弹塑性计算与弹性计算的主要区别表现在应力-应变关系方面,在几何关系和平衡关系方面,二者仍然相同。实验表明,无论在弹性阶段还是塑性阶段,都可以认为原来的平面在弯曲以后仍然保持为平面。这样梁的纵向纤维的应变与曲率 K 之间的关系为

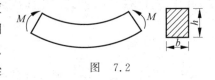

图　7.2

$$\varepsilon = Ky \tag{7-1}$$

其中,y 为纤维至中性轴的距离。

在平衡条件方面,截面上的应力 σ 仍满足下面的投影方程和力矩方程:

$$\int_A \sigma \mathrm{d}A = 0 \tag{7-2}$$

$$\int_A \sigma y \mathrm{d}A = M \tag{7-3}$$

当梁由弹性阶段过渡到塑性阶段时,截面应力和应变以及塑性区的变化过程如图 7.3 所示。当弯矩很小时,截面上全部纤维处于弹性阶段。纤维的法向应力为

$$\sigma = \frac{My}{I} \tag{7-4}$$

其中,I 为截面的惯性矩。应力沿截面为直线分布,如图 7.3(a)所示。

当弯矩 M 增加到一定值时,上、下外侧纤维处的应力刚好达到屈服极限 σ_s,如图 7.3(b)所示。此时截面上弯矩为

$$M_s = \frac{bh^2}{6}\sigma_s = W\sigma_s \tag{7-5}$$

式中,M_s 称为**屈服弯矩**,或称**弹性极限弯矩**;W 为截面的**弹性弯曲截面系数**。

当弯矩 M 继续增大,超过屈服弯矩 M_s 时,截面在靠外部分有更多的纤维达到 σ_s,形成由外向内逐渐扩展的塑性区,其应力为常量,即 $\sigma = \sigma_s$。

应力分布图

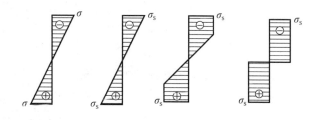

塑性区分布图

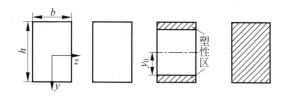

应变分布图

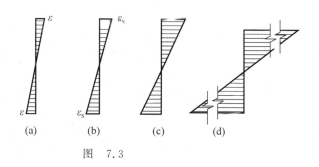

　　　　(a)　　　　(b)　　　　(c)　　　　(d)

图　7.3

在截面内部则仍为弹性区,称为**弹性核**,其应力为直线分布,即 $\sigma = \dfrac{y}{y_0}\sigma_s$。整个截面处于弹塑性状态,应力分布如图 7.3(c)所示。

当弯矩 M 再增加时,截面上塑性区继续扩大,弹性核的高度逐渐减小,最后达到极限情形,即 $y_0 \to 0$。此时截面处于塑性阶段,除极小的弹性区域以外,其余的区域均已屈服。为简化计算,常将这一极小部分的弹性核略去。这样,上、下两部分塑性区连在一起;也就是说,认为整个截面上应力都达到屈服值,应力分布如图 7.3(d)所示,相应的弯矩为

$$M_u = \frac{bh^2}{4}\sigma_s = W_u\sigma_s \tag{7-6}$$

这个弯矩 M_u 是该截面所能承受的最大弯矩,称为**极限弯矩**。W_u 称为**塑性弯曲截面系数**。这种状态称为此截面的**极限状态**。

由式(7-5)和式(7-6)可以看出,矩形截面的极限弯矩是屈服弯矩的 1.5 倍。也就是说,对于纯弯曲,当考虑材料的塑性时,矩形截面梁最大承载能力比弹性计算的最大承载能力可提高 50%。

在极限弯矩保持不变的情况下,整个截面的应力都达到屈服极限 σ_s,纵向纤维可以自

由伸长或缩短,于是在该截面所在的邻近微段内,梁将会产生一个有限的转角,这样的截面与可以自由转动的铰相似。因此,**当截面弯矩达到极限弯矩时,这种截面便称为塑性铰。**

以上讨论的是矩形截面,对于其他的截面形式也可得到类似的结果。

一般来说,极限弯矩 M_u 与屈服弯矩 M_s 的比值可用 α 表示,

$$\alpha = \frac{M_u}{M_s} = \frac{W_u}{W}$$

α 是由截面形式决定的,故称为**截面的形式系数。**

表 7.1 中对具有两个对称轴的几种截面形式给出了 M_s 和 M_u 的公式及 α 值的范围。

表 7.1　两个对称轴的几种截面

截面形式				
M_s	$\sigma_s \cdot \dfrac{bh^2}{6}$	$\sigma_s h\left(bh_2 + \dfrac{1}{6}ht_1\right)$	$\sigma_s \cdot \dfrac{\pi D^2}{32}$	$0.0982\sigma_s D^3\left(1 - \dfrac{d^4}{D^4}\right)$
M_u	$\sigma_s \cdot \dfrac{bh^2}{4}$	$\sigma_s h\left(bh_2 + \dfrac{1}{4}ht_1\right)$	$\sigma_s \cdot \dfrac{D^3}{6}$	$\sigma_s \dfrac{D^3}{6}\left[1 - \left(1 - \dfrac{2t}{D}\right)^3\right]$
$\alpha = \dfrac{M_u}{M_s}$	1.5	1.1~1.17	1.70	1.27~1.40

对于只有一个对称轴的截面,如图 7.4(a)所示,也可以作类似的讨论。

在弹性阶段,应力呈直线分布,如图 7.4(b)所示,将 $\sigma = \dfrac{M_y}{I}$ 代入平衡方程式(7-2),得

$$\int_A y\,\mathrm{d}A = 0$$

由上式可见,弹性阶段的中性轴应通过截面形心。

在弹塑性阶段,如图 7.4(c)所示,中性轴的位置将随弯矩的大小而变化。对于一个给定的 M 值,可根据平衡方程式(7-2)和式(7-3)来确定中性轴的位置和弹性核的高度。

在塑性流动阶段,如图 7.4(d)所示,受拉区和受压区的应力都是常量($+\sigma_s$ 或 $-\sigma_s$)。设 A_1 和 A_2 分别代表中性轴以上或以下部分的截面面积,A 为截面面积,由平衡方程式(7-2)可知,截面法向应力的合力为零,即 $A_1\sigma_s = A_2\sigma_s$。所以,截面上拉应力区域面积与压应力区域面积相等,于是有 $A_1 = A_2 = A/2$。也就是说,**塑性流动阶段的中性轴应平分截面面积。**

由平衡方程式(7-3)得

$$M_u = \int_{A_1} \sigma_s \mid y \mid \mathrm{d}A + \int_{A_2} \sigma_s \mid y \mid \mathrm{d}A = \sigma_s(S_1 + S_2) \tag{7-7}$$

式中,S_1 和 S_2 分别代表面积 A_1 和 A_2 对等截面面积轴的静矩。截面的塑性抵抗矩为

$$W_u = S_1 + S_2 \tag{7-8}$$

故极限弯矩也可写为

$$M_u = W_u \sigma_s \tag{7-9}$$

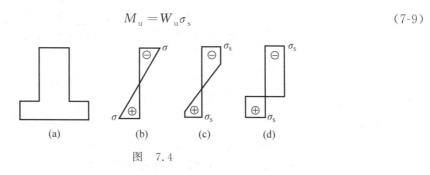

图　7.4

各种不同截面的极限弯矩都可由式(7-9)和式(7-8)求得。

应当指出,计算极限弯矩 M_u 的式(7-7)或式(7-9)是在纯弯曲的情况下得到的。当截面同时承受弯矩和剪力作用时,截面达到极限状态时的弯矩比 M_u 要小一些。但在一般情况下,剪力对极限弯矩的影响很小,可以忽略不计,因此式(7-7)或式(7-9)仍然适用。

还应当注意到,虽然塑性铰的两侧截面可以发生相对转角,但塑性铰与普通铰之间有两点明显的区别。

(1) 普通铰不能承受弯矩,而塑性铰形成后截面弯矩保持为极限弯矩 M_u。

(2) 普通铰为双向铰,即相对转角可以沿两个方向中任一方向发生;而塑性铰是单向铰,只能沿一个方向弯曲时才自由发生相对转角。

塑性铰之所以是单向铰,是因为由图 7.1 所示的理想弹塑性材料的应力-应变关系符合图中 AB 段所示,故其塑性铰所承受的弯矩为极限弯矩 M_u。

7.1.3　比例加载时判定极限荷载的一般定理

以下两节将具体讨论梁和刚架极限荷载的计算方法,要涉及比例加载时判定极限荷载的一些定理,为了便于说明,本节集中进行阐述。

假设荷载成比例增加,并且一次加于结构,不出现卸载过程。为了使所介绍的定理便于理解、应用,在推证有关极限荷载定理时,将结合梁、刚架受弯构件进行讨论。先提出下面三个假设。

(1) 结构的变形比结构本身尺寸小得多,建立平衡方程时可以使用结构的原始尺寸。这是本节贯穿始终的基本假设。

(2) 在极限状态时,由于弹性变形远小于塑性变形,故可以忽略弹性变形而只考虑塑性变形。这就是说,假定结构为**刚塑性体系**。

(3) 材料是理想弹塑性的,弯矩有极限值,且截面的正极限弯矩与负极限弯矩数值相等。同时,考虑轴力、剪力对极限弯矩的影响。

在介绍定理前,先给出结构的极限受力状态应满足的一些条件。

(1) **平衡条件**　结构处于极限受力状态时,结构整体或局部上所有的力在任一直角坐标轴上投影的代数和为零,并且对任一点的力矩代数和也等于零。

(2) **内力局限条件**　在极限受力状态中,结构上各截面的弯矩都不超过极限值,即
$$-M_u \leqslant M \leqslant M_u$$

(3) **单向机构条件**　在极限受力状态,一些截面的弯矩已达到极限弯矩值,结构出现了足够数量的塑性铰,使结构成为机构,能沿荷载方向(即荷载做功的方向)作单向运动。

然后,再引入两个定义。

(1) **可破坏荷载**　对于任一单向破坏机构,用平衡条件求得的荷载值称为**可破坏荷载**,用 F_P^+ 表示。

(2) **可接受荷载**　若有某个荷载值能与某一内力状态相平衡,且各截面的内力都不超过其极限值,则此荷载称为**可接受荷载**,用 F_P^- 表示。

由定义知,可破坏荷载 F_P^+ 只满足上述条件中的(1)和(3);可接受荷载 F_P^- 只满足上述条件中的(1)和(2);而极限荷载则同时满足上述三个条件。

由此可见,**极限荷载既是可破坏荷载,又是可接受荷载**。

下面给出比例加载的四个定理及其证明。

设一给定结构,承受集中荷载 $F_{P1}, F_{P2}, \cdots$。由于荷载成比例,可设 $F_{P1} = \alpha_1 F_P, F_{P2} = \alpha_2 F_P, \cdots, q_1 = \beta_1 F_P, q_2 = \beta_2 F_P$。其中公因子 F_P 称为**荷载参数**。求极限荷载也就是求荷载参数的极限值 F_{Pu}。

1. 基本定理

可破坏荷载 F_P^+ 恒不小于可接受荷载 F_P^-,即

$$F_P^+ \geqslant F_P^- \tag{7-10}$$

证明:取任一破坏荷载 F_P^+,对于相应的单向机构的虚位移,列出虚功方程,得

$$F_P^+ \Delta = \sum_{i=1}^{n} |M_{ui}| |\theta_i| \tag{a}$$

式中,n 为塑性铰的数目;M_{ui} 和 θ_i 分别是第 i 个塑性铰处的极限弯矩和相对转角。求和号内原应为 $M_{ui}\theta_i$,因其恒为正,故可用绝对值来表示。

再取任一可接受荷载 F_P^-,相应的弯矩图叫作 M^- 图。令此荷载及其内力状态经历上述机构的虚位移,可列出虚功方程为

$$F_P^- \Delta = \sum_{i=1}^{n} M_i^- \theta_i \tag{b}$$

$$M_i^- \leqslant |M_{ui}|$$

这里 M_i^- 是 M^- 图中在第 i 个塑性铰处的弯矩值。

于是可得

$$\sum_{i=1}^{n} M_i^- \theta_i \leqslant \sum_{i=1}^{n} |M_{ui}| |\theta_i|$$

将式(a)、式(b)代入上式,得

$$F_P^+ \geqslant F_P^-$$

于是基本定理得证。

由基本定理可以导出下面三个定理。

2. 极小定理(或称上限定理)

取结构的各种破坏机构,用平衡条件求相应的可破坏荷载,其极小值就是极限荷载。或者说,可破坏荷载是极限荷载的上限。

说明:因为极限荷载 F_{Pu} 是可破坏荷载,故由基本定理,得

$$F_{Pu} \leqslant F_P^+ \quad 或 \quad F_{Pu} = F_{Pmin}^+ \tag{7-11}$$

3. 极大定理（或称下限定理）

取各种内力分布，在各截面弯矩不超过极限值的情况下，用平衡条件求相应的可接受荷载，其极大值就是极限荷载。或者说，可接受荷载是极限荷载的下限。

说明：因为极限荷载 F_{Pu} 是可破坏荷载，故由基本定理，得

$$F_{Pu} \geqslant F_P^- \quad 或 \quad F_{Pu} = F_{Pmax}^-\tag{7-12}$$

4. 单值定理

如果荷载既是可破坏荷载，同时又是可接受荷载，则此荷载就是极限荷载。

证明：将式(7-11)和式(7-12)合在一起，可得

$$F_P^- \leqslant F_{Pu} \leqslant F_P^+\tag{7-13}$$

因此，若有一荷载 F_P' 既是 F_P^+，又是 F_P^-，即 $F_P^- = F_{Pu} = F_P^+$，则必定有

$$F_P = F_{Pu}\tag{7-14}$$

这就证明了单值定理。

在以上证明中，我们设正的极限弯矩和负的极限弯矩等值；如果二者不同，上述证明方法仍然适用。

极小定理和极大定理可以用来求极限荷载的近似值，给出精确的上下限范围。例如，如果全部列出结构的各种可能的破坏机构，那么，从相应的各破坏荷载中取其最小者，便得到极限荷载的精确解。

可以根据单值定理配合试算法来求极限荷载。每次选择一种破坏机构，并验算相应的可破坏荷载是否同时也是可接受荷载。经过几次试算后，如能发现一种情况，同时满足平衡条件、单向机构条件和内力局限条件，则根据单值定理便可得到极限荷载。

7.2　梁的极限荷载

根据极限荷载和塑性铰的概念，本节首先分析静定梁在横向荷载作用下的弯曲问题，确定静定梁的极限荷载，然后再分析超静定梁在横向荷载作用下的弯曲问题，确定超静定梁的极限荷载。

7.2.1　静定梁的极限荷载

设一矩形截面简支梁在跨中承受集中荷载作用，如图 7.5(a)所示。假设荷载 F_P 由零开始逐渐增加，初始时刻，梁的全部截面都处于弹性状态。由于梁内弯矩是由两端向跨中增大，因此当荷载增加时，跨中截面的最外层纤维首先达到屈服极限时的荷载，称为屈服荷载，用 F_{Ps} 表示。显然，对图示简支梁有

$$\frac{F_{Ps}l}{4} = M_s$$

因此屈服荷载为

$$F_{Ps} = \frac{4M_s}{l}$$

当荷载继续增加时，中间截面的塑性区范围向截面内部扩大，邻近截面的外侧也出现塑性区，如图 7.5(b)中梁上阴影部分所示。塑性区深度和长度随荷载增加而加大，最后在中

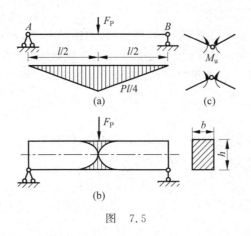

图　7.5

间截面处,弯矩首先达到极限值,形成塑性铰,上、下两塑性区连成一片。这时,静定梁已成为机构,可以发生很大的位移,而承载能力不能再增加,这就是极限状态,此时的荷载称为**极限荷载**,用 F_{Pu} 表示。梁的极限荷载可根据塑性铰截面的弯矩等于极限值的条件,利用平衡方程求得。由图 7.5(a)知,当 $F_{\mathrm{P}} = F_{\mathrm{Pu}}$ 时有

$$\frac{F_{\mathrm{Pu}} l}{4} = M_{\mathrm{u}}$$

由此得极限荷载

$$F_{\mathrm{Pu}} = \frac{4M_{\mathrm{u}}}{l}$$

极限荷载和屈服荷载的比值为

$$\frac{F_{\mathrm{Pu}}}{F_{\mathrm{Ps}}} = \frac{M_{\mathrm{u}}}{M_{\mathrm{s}}} = \alpha \tag{7-15}$$

α 又称为**截面的形式系数**。矩形截面梁的 $\alpha = 1.5$,一般情况下 $\alpha > 1$。由此证明,梁所承受的极限荷载大于按弹性计算所得的屈服荷载。

当加载到截面进入极限状态时,如图 7.5(b)所示,截面上拉应力区和压应力区的纤维都沿其应力方向发生塑性变形,如果这时开始卸载,则纤维又进入弹性状态,不能自由发生塑性变形。因此,对于静定梁来说,当荷载加到极限荷载 F_{Pu} 时,梁的挠度迅速增加。如果荷载减小,则位移的增大立刻停止,而且由于弹性变形的恢复,位移还会有微小的缩减。

静定梁在卸载时,除残余变形之外,由于加载和卸载的应力-应变关系不同,截面还会有残余应力存在。图 7.6(a)表示荷载略有减小,相应的应力减小服从弹性定律,如图 7.6(b)中用直线分布和图形 Oab、$Oa'b'$ 表示。

这时,截面的应力如图 7.6(b)中阴影部分所示。荷载全部卸除后,截面上的应力如图 7.6(c)所示,这就是**残余应力**。残余应力是一种自身平衡的自应力状态。

7.2.2　单跨超静定梁的极限荷载

由上节讨论可知,在静定梁中只要有一个截面出现塑性铰,梁就成为机构,从而丧失承载能力而导致破坏。

超静定梁由于具有多余约束,因此必须有足够多的塑性铰出现才能使其变为机构,从而

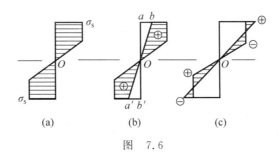

图　7.6

丧失承载能力导致破坏,这就是超静定梁与静定梁不同的地方。

下面以图 7.7(a)所示等截面单跨梁为例,说明超静定梁由弹性阶段到弹塑性阶段,直至极限状态的过程。

弹性阶段($F_P \leqslant F_{Ps}$)的弯矩图如图 7.7(b)所示,在固定端处弯矩最大。

当荷载超过 F_{Ps} 后,塑性区首先在固定端附近形成并扩大,然后在跨中截面也形成塑性区。此时随着荷载的增加,弯矩图不断变化,不再与弹性 M 图成比例。随着塑性区的扩大,在固定端截面形成一个塑性铰,弯矩图如图 7.7(c)所示。此时在加载的条件下,梁已转化为静定梁,但承载能力尚未达到极限值。

荷载继续增加时,固定端的弯矩不再发生变化,荷载增量所引起的弯矩增量图相应于简支梁的弯矩图。当荷载增加到使跨中截面的弯矩达到 M_u 时,梁的承载能力即达到极值。此时的荷载称为极限荷载 F_{Pu},相应的弯矩图如图 7.7(d)所示。

超静定结构求极限荷载的计算方法有两种,分别为静力法和机动法。

1. 静力法

极限荷载 F_{Pu} 可根据平衡条件,由极限状态的弯矩图求出。在图 7.7(d)中,联结 A_1、B,三角形 $A_1 C_1 B$ 应是简支梁在荷载 F_{Pu} 作用下的弯矩图,故跨中竖距 $C_2 C_1$ 应等于 $F_{Pu} l / 4$;另外,$C_1 C_2 = C C_1 + 0.5 A A_1 = 1.5 M_u$,因此有

$$\frac{F_{Pu} l}{4} = 1.5 M_u$$

可以求得极限荷载

$$F_{Pu} = \frac{6 M_u}{l}$$

2. 机动法

利用虚功原理求极限荷载的方法称为**机动法**(或称**机构法**、**穷举法**)。如图 7.7(e)所示为破坏机构的一种可能位移,设跨中位移为 δ,则

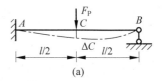

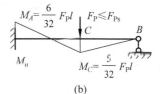

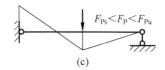

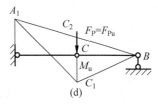

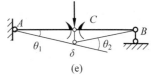

图　7.7

$$\theta_1 = \frac{2\delta}{l}, \quad \theta_2 = \frac{4\delta}{l}$$

外力所做的功为

$$W = F_{Pu}\delta$$

内力所做的功为

$$W_i = -(M_u\theta_1 + M_u\theta_2) = -M_u\frac{6\delta}{l}$$

由虚功方程

$$F_{Pu}\delta - \frac{6\delta}{l}M_u = 0$$

得

$$F_{Pu} = \frac{6M_u}{l}$$

由此可以得出结论:同一结构虽然采用的计算方法不同,但得到的极限荷载 F_{Pu} 相同。

由此看出,超静定结构的极限荷载只需根据最后的破坏机构,应用平衡条件即可求出。据此,可概括出求超静定结构极限荷载的一些特点如下。

(1) 超静定结构极限荷载的计算,无须考虑结构弹塑性变形的发展过程,只需考虑最后的破坏机构。

(2) 超静定结构极限荷载的计算,只需考虑静力平衡条件,而无须考虑变形协调条件,因而比弹性计算简单。

(3) 超静定结构的极限荷载不受温度变化与支座移动等因素的影响,这些因素只影响结构变形的发展过程,而不影响极限荷载的数值。

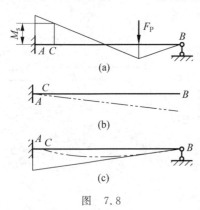

图　7.8

再对超静定结构残余应力作一点说明。图 7.8(a) 所示的超静定梁,加载时梁的 AC 段的弯矩超过了弹性极限弯矩 M_s,因而发生塑性变形。为了分析减载后的残余应力,设想暂时将 B 支座移去,此时整根梁各截面的弯矩均等于零。但在弹性区 AC 段内,各截面将有自相平衡的残余应力。由于有残余变形,整个梁的轴线如图 7.8(b) 所示。其中 B 端已不符合原结构的变形协调条件,故支座应有反力,弯矩图如图 7.8(c) 所示。图中虚线表示减载后的弯曲变形曲线。

总之,在弹塑性阶段减载后,静定梁无残余内力,但各截面上可有自相平衡的残余应力;超静定梁除有这种残余应力外,还可能有残余内力。

最后,对超静定结构的内力重分布现象作一介绍。

如图 7.7(a) 所示的一次超静定梁,当集中荷载 $F_P \leqslant F_{Ps}$ 时,其支座弯矩和跨中弯矩与荷载保持线性关系;当集中荷载 $F_P > F_{Ps}$ 时,由于支座 A 截面形成塑性铰,如图 7.7(c) 所示,支座弯矩值保持极限弯矩 M_u。这时支座 A 截面已经丧失继续抵抗外力的能力,新的荷载增加只能由尚有剩余抗弯能力的其他截面来承担。这种由于塑性铰的形成引起的各截面内力之间的关系不再服从线弹性关系的现象,称为超静定结构**内力重分布**,它表示达到屈服荷载后的内力重新调整分布。

显然,内力重分布现象只存在于超静定结构之中,静定结构不会发生内力重分布现象。这是因为静定结构的内力完全可以利用静力平衡条件求出,而超静定结构的求解,除静力平衡条件外,还必须利用结构的变形协调条件,结构的变形直接取决于截面的刚度。因此在静定结构中,某一截面的屈服或塑性铰的形式虽然对它的内力变化会产生一定影响,却不能改变其内力随荷载增长而变化的规律。也就是说,**静定结构不会产生内力重分布现象**;而在超静定结构屈服以前,其内力按线弹性规律分布,并由各截面之间的刚度比值来确定它与荷载的初始关系。当某一截面开始屈服或形成塑性铰后,原先的刚度比值发生变化,必然导致各截面内力之间的重新调整,也就是说,这时超静定结构必然会产生内力重分布现象。

例 7.1 已知图 7.9(a)所示等截面梁的极限弯矩 M_u,试用静力法和机动法求极限荷载。

解 解题思路:

(1)静力法。根据 M 图中弯矩的大小设定塑性铰,使之成为机构,根据平衡条件求 F_{P1}^+,根据极限荷载既是可破坏荷载又是可接受荷载的原则确定是否极限荷载。

(2)机动法。根据 M 图中弯矩的大小设定塑性铰,使之成为机构,并使之产生可能的虚位移,求出 F_{P1}^+,取其小者,即为极限荷载。

解题过程:

(1)静力法。

① 设 A、C 两截面先出现塑性铰,使梁变成机构,其弯矩图如图 7.9(b)所示。根据静力平衡条件 $\sum M_B = 0$,得

$$F_{Ay} = \frac{1}{l}\left(M_u + 1.5F_{P1}^+ \times \frac{2l}{3} + F_{P1}^+ \times \frac{l}{3}\right) = \frac{1}{l}\left(M_u + \frac{4}{3}F_{P1}^+ l\right)$$

而 $M_C = M_u$,即

$$F_{Ay} \times \frac{l}{3} - M_u = M_u$$

将 F_{Ay} 代入上式得

$$\frac{4}{3}F_{P1}^+ l = 5M_u$$

故

$$F_{P1}^+ = \frac{5M_u \times 3}{4l} = 3.75\frac{M_u}{l}$$

此时,由 AD 部分平衡得

$$M_D = F_{Ay} \times \frac{2l}{3} - M_u - 1.5F_{P1}^+ \times \frac{l}{3} = 1.125M_u > M_u$$

不满足内力局限条件,可见不是可接受的荷载。

② 设 A、D 两截面先出现塑性铰使梁成为机构,其弯矩图如图 7.9(c)所示。由平衡条件 $\sum M_A = 0$,得

$$F_{RB} = \frac{1}{l}\left(1.5F_{P2}^+ \times \frac{l}{3} + F_{P2}^+ \times \frac{2l}{3} - M_u\right)$$

$$= \frac{1}{l}\left(\frac{3.5}{3}F_{P2}^+ l - M_u\right)$$

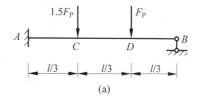

(a)

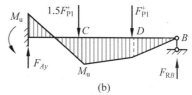

(b)

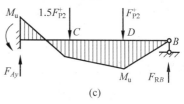

(c)

图 7.9

又 $M_D = M_u$，即

$$F_{RB} \times \frac{l}{3} = M_u$$

将 F_{RB} 代入上式得

$$\frac{3.5}{3} F_{P2}^+ l = 4M_u$$

故

$$F_{P2}^+ = 3.43 \frac{M_u}{l}$$

此时，由 CB 部分平衡得

$$M_C = F_{RB} \frac{2l}{3} - F_{P2}^+ \frac{l}{3} = 0.857 M_u < M_u$$

可见各截面的弯矩均不超过 M_u，满足内力局限条件，F_{P2}^+ 又是可接受荷载。因此极限荷载为

$$F_{Pu} = 3.43 \frac{M_u}{l}$$

（2）机动法。

① 设 A、C 成为塑性铰，则机构的虚位移如图 7.10(a)所示，其中

$$\Delta_1 = \frac{2}{3} l\theta, \quad \Delta_2 = \frac{1}{3} l\theta$$

虚功方程为

$$1.5 F_{P2}^+ \times \frac{2}{3} l\theta + F_{P1}^+ \times \frac{1}{3} l\theta - M_u \times 2\theta - M_u(2\theta + \theta) = 0$$

解得

$$F_{P1}^+ = 3.75 \frac{M_u}{l}$$

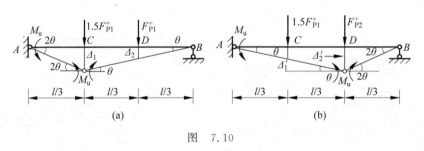

图 7.10

② 设 A、D 成为塑性铰，则机构的虚位移如图 7.10(b)所示，其中

$$\Delta_1' = \frac{1}{3} l\theta, \quad \Delta_2' = \frac{2}{3} l\theta$$

虚功方程为

$$1.5 F_{P2}^+ \times \frac{1}{3} l\theta + F_{P2}^+ \times \frac{2}{3} l\theta - M_u\theta - M_u(\theta + 2\theta) = 0$$

解得

$$F_{P2}^{+} = 3.43 \frac{M_u}{l}$$

比较 F_{P1}^{+} 和 F_{P2}^{+}，取其小者，故极限荷载为

$$F_{Pu} = 3.43 \frac{M_u}{l}$$

例 7.2 试求如图 7.11(a)所示变截面梁的极限荷载。

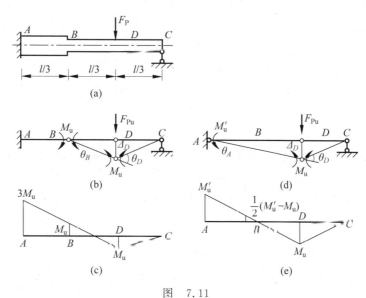

图 7.11

解 解题思路：根据题目的具体情况，确定塑性铰出现的位置及相应机构，列虚功方程，求出相应破坏荷载，取小者为极限荷载。

解题过程：由于 AB 段和 BC 段的截面尺寸不同，因而极限弯矩也不同，设 AB 段的极限弯矩为 M_u'，BC 段的极限弯矩为 M_u。对于图 7.11(a)所示的荷载，塑性铰可能出现的位置除了 A、D 截面外，也可能出现在截面突变 B 处。也就是说，破坏机构的可能形式既与突变截面 B 的位置有关，也与极限弯矩的比值 $\dfrac{M_u'}{M_u}$ 有关。

下面讨论不同破坏机构的实现条件及相应的极限荷载。

(1) 截面 D 和 B 出现塑性铰时的破坏机构，如图 7.11(b)所示，其中在 D、B 截面处弯矩达到极限值 M_u，由此可画出如图 7.11(c)所示的 M 图，其中截面 A 的弯矩为 $3M_u$。如果这个弯矩值 $3M_u$ 已经超过截面 A 所能承受的极限弯矩 M_u'，则这个弯矩图不可能实现，因而此破坏机构也不能实现。由此得出这个破坏机构的实现条件是

$$M_u' \geqslant 3M_u \tag{a}$$

为了求此破坏机构相应的极限荷载，对图 7.11(b)所示的可能位移列出虚功方程为

$$F_{Pu}\Delta_D = M_u\theta_B + M_u\theta_D$$

由于

$$\theta_B = \frac{3\Delta_D}{l}, \quad \theta_D = \frac{6\Delta_D}{l}$$

将其代入上式,解得极限荷载为

$$F_{Pu} = 9\frac{M_u}{l} \tag{b}$$

(2) 当截面 D、A 出现塑性铰时,破坏机构如图 7.11(d) 所示,其中在截面 D 和 A 处弯矩分别达到极限值 M_u 和 M'_u。由此可以绘出如图 7.11(e) 所示的 M 图,其中截面 B 的弯矩为 $\frac{1}{2}(M'_u - M_u)$。如果这个弯矩值 $\frac{1}{2}(M'_u - M_u)$ 已超过截面 B 所能承受的极限弯矩值 M_u,即

$$\frac{1}{2}(M'_u - M_u) > M_u, \quad M'_u > 3M_u$$

则这个弯矩图不可能实现,因而此破坏机构也不可能实现。由此得出这个破坏机构的实现条件为

$$M'_u \leqslant 3M_u \tag{c}$$

为了求得此破坏机构相应的极限荷载,可根据图 7.11(d) 所示的可能位移列出虚功方程为

$$F_{Pu}\Delta_D = M'_u\theta_A + M_u\theta_D$$

由于

$$\theta_A = \frac{3\Delta_D}{2l}, \quad \theta_D = \frac{9\Delta_D}{2l}$$

将其代入上式,解得极限荷载为

$$F_{Pu} = \frac{3}{2l}(M'_u + 3M_u) \tag{d}$$

例 7.3 试求图 7.12(a) 所示单跨超静定梁在均布荷载作用下的极限荷载值 q_u。

解 解题思路:根据题目的具体情况,确定塑性铰出现的位置及相应机构,列虚功方程,求出相应破坏荷载最小者为极限荷载。

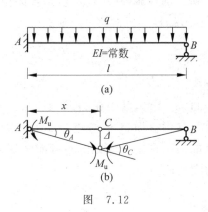

图　7.12

解题过程:当梁处于极限状态时,有一个塑性铰在固定端 A 处形成,另一个塑性铰 C 的位置则有待确定,可应用极小定理来求。

图 7.12(b) 所示为一破坏机构,其中塑性铰 C 的坐标为待定值 x。为了求出此破坏机构相应的可破坏荷载 q^+,可对图 7.12(b) 所示的可能位移列出虚功方程

$$q^+\frac{l\Delta}{2} = M_u(\theta_A + \theta_C)$$

由于

$$\theta_A = \frac{\Delta}{x}, \quad \theta_C = \frac{l\Delta}{x(l-x)}$$

故得

$$q^+ = \frac{2l-x}{x(l-x)} \cdot \frac{2M_u}{l}$$

为了求 q^+ 的极小值,令 $\dfrac{\mathrm{d}q^+}{\mathrm{d}x}=0$,得

$$x^2-4lx+2l^2=0$$

解得

$$x_1=(2+\sqrt{2})l,\quad x_2=(2-\sqrt{2})l$$

显然 x_1 不合理,舍去,由 x_2 求得极限荷载为

$$q_\mathrm{u}=\frac{2\sqrt{2}}{3\sqrt{2}-4}\cdot\frac{M_\mathrm{u}}{l}=11.7\frac{M_\mathrm{u}}{l^2}$$

7.2.3　多跨连续梁的极限荷载

现在讨论连续梁破坏机构的可能形式与极限荷载。

对于 n 次超静定的连续梁,可能认为只有出现了 $n+1$ 个塑性铰以后,梁才变成机构而破坏,实际上当少数塑性铰出现后,连续梁的某一跨首先发生破坏,这时对应的荷载就是连续梁的极限荷载。

设连续梁在每一跨内为等截面,但各跨的截面可以彼此不同。又设各跨的荷载都是同方向的,并且按一定比例增加。在上述情况下可以证明:**连续梁只可能在各跨独立形成破坏机构**,如图 7.13(a)、(b)所示,每跨的破坏与其他跨的尺寸和所受的荷载无关;而不能由相邻几跨联合形成一个破坏机构,如图 7.13(c)、(d)所示。在图 7.13(d)所示的机构 3 中,E 处的塑性铰向上移动,表明该塑性铰是由负弯矩产生的,也就是说截面 E 的弯矩应力为最小值。设荷载以向下为正,x 轴向右为正,并将集中荷载视为在梁上分布于很小一段上的均布荷载 q 的合力,由关系式

$$\frac{\mathrm{d}^2M}{\mathrm{d}x^2}=-q$$

可知,在此截面 $q>0$,于是 $\dfrac{\mathrm{d}^2M}{\mathrm{d}x^2}<0$,因而弯矩为最大,而不可能是最小值。这与假定的破坏形式是矛盾的,所以机构 3 不是可能的破坏机构。同样,机构 4 也是不可能存在的。实际上当荷载同为向下时,每跨内的负弯矩在支座截面处最大,不可能在跨中出现,所以塑性铰应如机构 1 或 2 所示的那样,在跨端出现。

由以上分析可见,每跨内为等截面的连续梁的破坏,是由本跨内的跨端出现的塑性铰造成的,也就是说,**连续梁只可能在每跨内独立形成破坏机构**。

根据这一特点,我们可先对每一个单跨破坏机构分别求出相应的破坏荷载,然后取其中

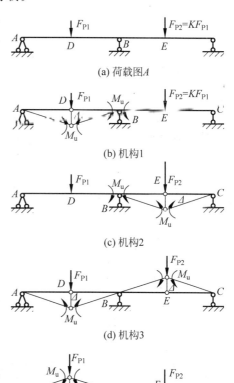

(a) 荷载图A

(b) 机构1

(c) 机构2

(d) 机构3

(e) 机构4

图　7.13

的最小值,就得到连续梁的极限荷载。

例 7.4　图 7.14(a)所示为一等截面连续梁,设各跨的正极限弯矩为 M_u,各跨负极限弯矩为 $1.2M_u$,荷载按比值增加,试求极限荷载 F_{Pu}。

解　解题思路:根据连续梁单跨破坏机理,分别求出各跨极限荷载。

解题过程:

(1) 静力法。

先作出每跨单独破坏时的弯矩图,如图 7.14(b)所示,然后根据平衡条件求相应的破坏荷载。

当 AB 跨单独破坏时,得

$$\frac{F_{P1}^{+} l}{4} = M_u + \frac{1.2M_u}{2} = 1.6M_u$$

故相应的破坏荷载为

$$F_{P1}^{+} = 6.4 \frac{M_u}{l} \tag{a}$$

当 BC 跨单独破坏时,得

$$\frac{q^{+} l^{2}}{8} = 2.2M_u$$

故相应的破坏荷载为

$$q^{+} = 17.6 \frac{M_u}{l^{2}}$$

即

$$F_{P2}^{+} = \frac{q^{+} l}{3} = \frac{17.6 \frac{M_u}{l^{2}} \cdot l}{3} \approx 5.87 \frac{M_u}{l}$$

当 CD 跨单独破坏时,得

$$\frac{1}{3} F_{P3}^{+} l = 2.2M_u$$

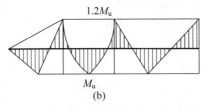

图　7.14

故相应的破坏荷载为

$$F_{P3}^+ = 6.6 \frac{M_u}{l}$$

比较各跨的破坏荷载,取最小者,可知 BC 跨首先破坏,因此该连续梁的极限荷载为

$$F_{Pu} = 5.87 \frac{M_u}{l}$$

(2) 机动法。

绘出各跨单独破坏时机构的虚位移图,由虚功方程求出相应的破坏荷载。

当 AB 跨单独破坏时,如图 7.15(a)所示,虚功方程为

$$F_P \Delta - M_u (\theta_A + \theta_B) - 1.2 M_u \theta_B = 0$$

则

$$F_P \Delta = M_u \left(\frac{\Delta}{l/2} + \frac{\Delta}{l/2} \right) + 1.2 M_u \frac{\Delta}{l/2}$$

解得

$$F_{P1}^+ = 6.4 \frac{M_u}{l}$$

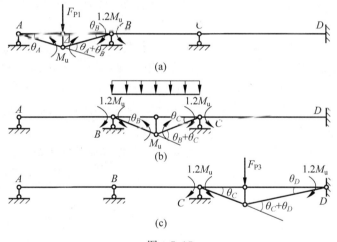

图　7.15

当 BC 跨单独破坏时,如图 7.15(b)所示,虚功方程为

$$q \cdot \frac{1}{2} l \Delta - 1.2 M_u \theta_B - 1.2 M_u \theta_C - M_u (\theta_B + \theta_C) = 0$$

则

$$q \frac{1}{2} l \Delta = 8.8 \frac{\Delta}{l} M_u$$

解得

$$q_2^+ = 17.6 \frac{M_u}{l_2} \text{ 或 } F_{P2}^+ = 5.87 \frac{M_u}{l}$$

当 CD 跨单独破坏时,如图 7.15(c)所示,虚功方程为

$$F_{\mathrm{P}}\Delta - 1.2M_{\mathrm{u}}\theta_C - 1.2M_{\mathrm{u}}\theta_D - M_{\mathrm{u}}(\theta_C + \theta_D) = 0$$

则

$$F_{\mathrm{P}}\Delta = 6.6M_{\mathrm{u}}\frac{\Delta}{l}$$

解得

$$F_{\mathrm{P3}}^{+} = 6.6\frac{M_{\mathrm{u}}}{l}$$

比较以上结果,取最小者,故极限荷载为

$$F_{\mathrm{Pu}} = 5.87\frac{M_{\mathrm{u}}}{l}$$

与静力法所得结果相同。

由上面的具体计算可以进一步归纳出超静定结构极限荷载计算的一些特点。

(1)超静定结构的极限荷载比屈服荷载大。因此,按极限荷载设计比弹性设计更为经济。

(2)超静定结构极限荷载的计算,无须考虑结构弹塑性变形的发展过程,只需考虑最后的破坏机构。

(3)超静定结构的弹性计算必须考虑变形协调条件,因而比较复杂。但计算极限荷载时只需使用平衡条件,因此比弹性计算简单。

(4)超静定结构的极限荷载不受支座移动和温度变化等因素的影响。这些因素只影响变形的发展过程,而不影响荷载的数值。因为超静定结构在变为机构前先成为静定结构,所以支座的移动和温度的变化对最后的内力没有影响。

(5)结构极限荷载的计算不同于弹性计算,不能使用叠加原理。因而每种荷载组合都需要单独进行计算。

下面再举几例,进一步阐明截面极限弯矩M_{u}及极限荷载的求法。

例7.5 图7.16(a)所示连续梁,在给定荷载作用下达到极限状态,求所需截面的极限弯矩值M_{u}的大小(正、负M_{u}数值相同)。

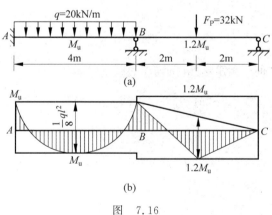

图　7.16

解 解题思路:由荷载求极限弯矩,其计算步骤和求极限荷载大致相同。现用静力法求解。

解题过程：

(1) 设 AB 跨先破坏。该跨弯矩图如图 7.16(b) 左半部分所示。由平衡条件得

$$\frac{1}{8}ql^2 = 2M_u$$

故

$$M_u = \frac{1}{16}ql^2 = \frac{20 \times 4^2}{16} \text{kN} \cdot \text{m} = 20\text{kN} \cdot \text{m}$$

(2) 设 BC 跨先破坏。该跨弯矩图如图 7.16(b) 右半部分所示。由平衡条件得

$$\frac{F_P l}{4} = 1.2M_u + \frac{1}{2}M_u = 1.7M_u$$

故

$$M_u = \frac{F_P l}{4 \times 1.7} = \frac{32 \times 4}{4 \times 1.7}\text{kN} \cdot \text{m} \approx 18.82\text{kN} \cdot \text{m}$$

比较两种情况，所需极限弯矩值应选取最大值，即

$$M_u = 20\text{kN} \cdot \text{m}$$

若选较小值作为 M_u，则 AB 跨将超过极限承载能力。

读者可试用机动法计算本例题。

例 7.6　图 7.17(a) 所示连续梁，各跨截面不等，极限弯矩分别为 $2M_u$ 和 M_u，求极限荷载。

解　解题思路：分跨求出极限荷载，各跨极限荷载最小者为连续梁极限荷载。

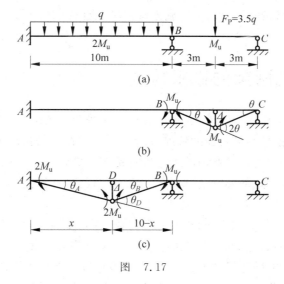

图　7.17

解题过程：用机动法求解。

(1) 设 BC 跨先成为机构。其虚位移图如图 7.17(b) 所示，$F_P = 3.5q$，$\Delta = 3\theta$，虚功方程为

$$3.5q_1^+ \times 3\theta - M_u \times 3\theta = 0$$

故

$$q_1^+ = 0.286M_u$$

（2）设 AB 跨先成为机构。其虚位移图如图 7.17(c)所示,跨间最大正弯矩所在截面 D 的位置坐标 x 待定。虚功方程为

$$q_2^+ \times \frac{10}{2} \times \Delta - 2M_u(\theta_A + \theta_D) + M_u\theta_B = 0$$

将 $\theta_A = \dfrac{\Delta}{x}, \theta_B = \dfrac{\Delta}{10-x}, \theta_D = \theta_A + \theta_B$ 代入上式得

$$5q_2^+\Delta = \frac{40-x}{(10-x)x}M_u\Delta$$

$$q_2^+ = \frac{40-x}{5(10x-x^2)}M_u$$

为求 q_2^+ 的极小值,令 $\dfrac{\mathrm{d}q_2^+}{\mathrm{d}x} = 0$,得

$$x^2 - 80x + 400 = 0$$

解方程得

$$x_1 = 5.36\mathrm{m}, \quad x_2 = 74.64\mathrm{m}$$

显然,x_2 不合理,故舍去,由 x_1 求出

$$q_2^+ = 0.279M_u$$

比较 q_1^+ 和 q_2^+,取其小者,故极限荷载为

$$q_u = (q^+)_{\min} = 0.279M_u$$

注意:本题容易出错的地方是 AB 成为机构时,塑性铰 B 截面上的极限弯矩为 M_u,而不是 $2M_u$。

7.3　矩形门式刚架的极限荷载

在刚架的截面上除作用弯矩外,通常还有轴力和剪力。在这种组合受力的情况下,截面达到极限状态的屈服条件与纯弯曲的情况有所不同。但在一般情况下,剪力对极限荷载的影响很小,可忽略。轴力对极限弯矩的影响也只是在少数情况下比较显著。我们先暂不考虑轴力的影响,只考虑弯矩的影响,在这种情况下介绍两种计算刚架的极限荷载的方法,然后再讨论轴力对极限弯矩的作用。

由连续梁求极限荷载的方法知,要求极限荷载,首先要确定它有哪些破坏机构,根据破坏机构分别求出相应的破坏荷载,取其最小者即为极限荷载。对于刚架极限荷载的求法大致相同,不同的是刚架的破坏机构比较复杂,它不像连续梁那样只能在各跨独立形成破坏机构,而不可能由相邻几跨联合形成一个破坏机构。为了便于计算刚架的极限荷载,先研究刚架基本破坏机构的确定方法及基本机构的组合原则。

7.3.1　基本机构数目的确定

在计算结构的极限荷载时,通常的方法是先确定一些基本破坏机构,简称基本机构或独立机构。常见的基本机构是指图 7.18 所示的**梁式机构**、**侧移机构**和**结点机构**等。

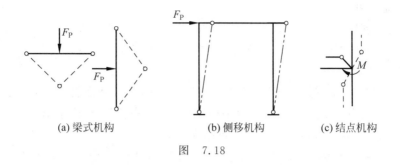

(a) 梁式机构　　　　　(b) 侧移机构　　　　(c) 结点机构

图　7.18

对于静定结构来说,出现一个塑性铰就成为一个机构,若出现 m 个塑性铰就有 m 个基本机构。对于超静定梁来说,则每增加一个多余联系相应地增加一个可以出现的塑性铰,若增加 n 个多余联系就相应增加 n 个可能出现的塑性铰。其结构成为破坏机构可能出现的塑性铰总数为

$$h = m + n$$

则梁、刚架的基本机构数目 m 为

$$m = h - n$$

式中,n 为梁、刚架的超静定次数;h 为梁、刚架可能出现的塑性铰总数,可以根据休系构造特点及承受荷载的情况进行判定。在集中荷载作用下,梁、刚架的弯矩图由直线组成,塑性铰只能在 M 图的直线段的端点或集中荷载作用点出现,图 7.19 所示各结构中以短线标出的截面都是可能出现塑性铰的截面。对均布荷载,塑性铰位置待定。

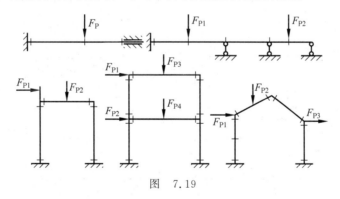

图　7.19

7.3.2　基本机构联合的原则

对于刚架来说,极限荷载不仅出现在基本破坏机构之中,也有可能出现在联合机构中。所谓联合机构指两个或两个以上的基本机构叠加起来的机构。机构叠加应遵循的原则是:**在新的联合机构中,外荷载所做的外功尽可能大,而机构内所做内功则尽可能变小**。因为只有这样才能得到接近结构真正的极限荷载的上限,或是保证足够安全的截面塑性弯矩值。为了减少联合机构的内功,就要使基本结构中的某些塑性铰互相抵消,使虚功方程中塑性铰所做的功得到减少,从而找到最小的可破坏荷载值。下面通过介绍计算刚架极限荷载的两种基本方法——联合机构法和试算法,作进一步阐明。

1. 联合机构法

这种方法是利用极小值定理,在所有可破坏荷载中寻找最小值,从而确定极限荷载。具体作法是:先确定基本机构数目,画出相应的基本破坏机构,然后将各种基本机构加以联合,使荷载成为最小者,从而得到极限荷载。

现以图 7.20(a)所示刚架为例来说明。刚架各杆均为等截面杆,假定柱的极限弯矩为 M_u,梁的极限弯矩为 $1.5M_u$。在图示集中荷载作用下,刚架的弯矩图由四段直线组成。显然,塑性铰只可能在 M 图的直线段端点出现,即在 A、B、C、D、E 五点出现。塑性铰可能出现的总数 $h=5$,而多余联系数 $n=3$,故基本机构数为 $m=5-3=2$。这两个基本机构如图 7.20(b)、(c)所示。

图 7.20(b)所示机构为梁式机构。因为柱截面的极限弯矩小,所有塑性铰出现在柱顶。对此机构可写出相应虚功方程为

$$F_{P1}^+(l\theta) = M_u(\theta + \theta) + 1.5M_u(2\theta)$$

由此得到相应的可破坏荷载为

$$F_{P1}^+ = \frac{5M_u}{l}$$

图 7.20(c)所示机构为侧移机构。对应的虚功方程为

$$F_{P2}^+(l\theta) = 4M_u\theta$$

解得

$$F_{P2}^+ = \frac{4M_u}{l}$$

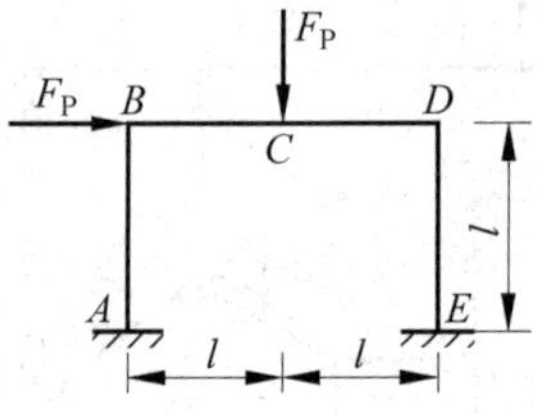

(a) 刚架 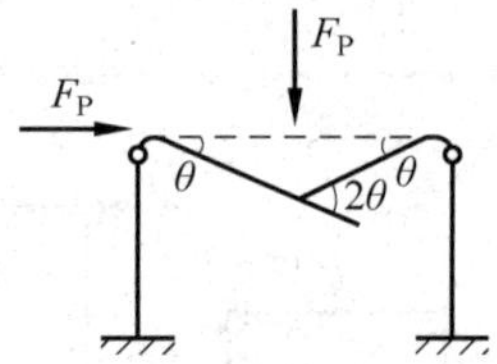   (b) 梁式机构

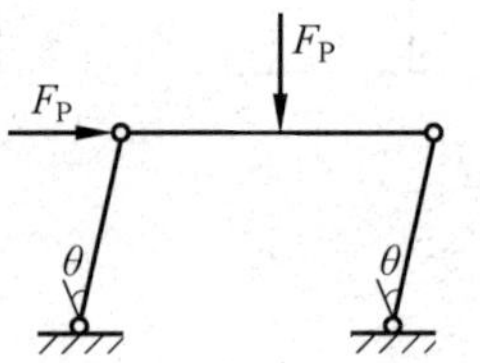

(c) 侧移机构 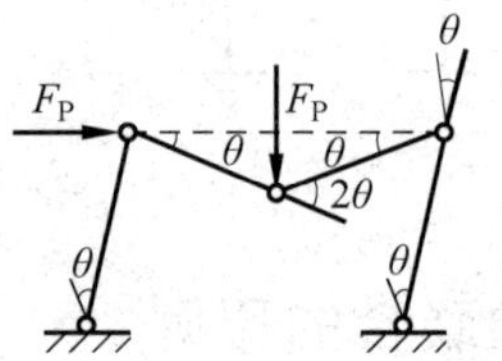   (d) 联合机构

图   7.20

将两个基本机构加以联合,即得图 7.20(d)所示的联合机构,为了符合可能的变形情况,在其中去掉了 B 点的塑性铰。对应的虚功方程为

$$2F_{P3}^+(l\theta) = 2M_u\theta + M_u(2\theta) + 1.5M_u(2\theta)$$

解得

$$F_{P3}^+ = \frac{3.5M_u}{l}$$

比较 F_{P1}^+、F_{P2}^+、F_{P3}^+，可知与联合机构相应的可破坏荷载为最小。根据极小定理，可确定极限荷载为

$$F_{Pu} = \frac{3.5M_u}{l}$$

在此应该注意，将两种机构加以联合时，必须去掉一些塑性铰，即在虚功方程中将塑性铰处所做的功减小，才能使荷载最小。

联合机构法对计算简单刚架是方便的。对于复杂的刚架，由于基本机构数增多，可能破坏的机构形式有多种，很容易遗漏一些破坏形式，因而得到的最小值不一定是极限荷载。

2. 试算法

这种方法是利用单值定理，检查某个可破坏荷载是否同时又是可接受荷载，据此求出极限荷载。具体作法是：任选一种破坏机构，根据平衡条件作出相应的弯矩图。如果各截面的弯矩不超过极限弯矩值，即满足上述条件，则根据单值定理，与此机构相应的荷载就是极限荷载。若不能满足上述条件，再另选一个破坏机构，再重复上述内容，直到满足内力局限条件为止。

现仍以图 7.20(a)所示刚架为例加以说明。若选择图 7.20(b)所示的梁式机构，由虚功方程求出可破坏荷载 F_{P1}^+。再进一步绘制出刚架的 M 图，检验其是否同时满足内力局限条件。由于所选截面 B、C、D 的弯矩分别为 M_u、$1.5M_u$、M_u，故可绘制出横梁的弯矩图，如图 7.21(a)所示，但两个立杆的弯矩仍是超静定的。可令 $M_E = xM_u$，则 M_A 可由平衡条件求得，其值为 $M_A = 5M_u - M_E = (5-x)M_u$。由此式看出，无论 x 取什么值，M_A 和 M_B 两者中至少有一个超过 M_u，因此 F_{P1}^+ 不是可接受荷载，当然也不是极限荷载。

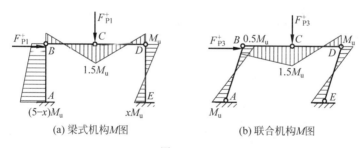

图　7.21

再考虑图 7.20(d)所示的联合机构，由虚功方程求出可破坏荷载 $F_{P3}^+ = \dfrac{3.5M_u}{l}$，弯矩图如图 7.21(b)所示。截面 B 的弯矩 $M_B = 0.5M_u$ 由平衡条件求得。该弯矩图满足内力局限条件，因此 F_{P3}^+ 是可接受荷载。根据单值定理，可知它就是极限荷载。即

$$F_{P3}^+ = \frac{3.5M_u}{l}$$

例 7.7　已知图 7.22(a)所示刚架的极限弯矩为 M_u，试求此刚架的极限荷载。

解　解题思路：先确定机构数，分别算出各机构对应的极限荷载，其中最小者为刚架极限荷载。

解题过程：

(1) 判定机构。

根据刚架构造和作用荷载情况,可判定此刚架可能出现塑性铰的截面为 A、B、C、D。梁的最大弯矩截面位置 D 待定。设截面 D 离 E 点为 x。基本机构数为

$$m = 4 - 1 = 3$$

即有三个基本机构,分别如图 7.22(b)、(c)、(d)所示。将图 7.22(b)与图 7.22(c)联合,C 处塑性铰转向相反抵消,即去掉 C 塑性铰,得如图 7.22(e)所示联合机构。

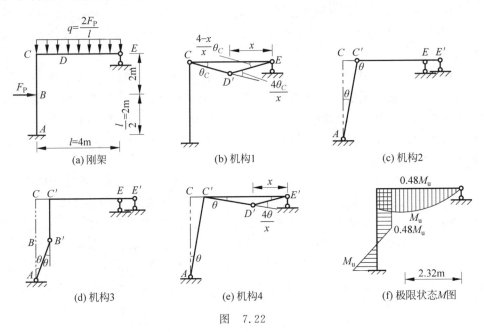

图　7.22

(2) 列虚功方程。

对于机构 1,如图 7.22(b)所示,列虚功方程为

$$q \times \frac{1}{2} \times l \times (1-x)\theta_C = M_u(\theta_C + \theta_D) = M_u\left[\theta_C + \frac{(4-x)\theta_C}{x}\right] = M_u\left(\theta_C + \frac{4\theta_C}{x}\right)$$

解得

$$q = \frac{2x+8}{lx(l-x)}M_u$$

将外荷载 $q = \dfrac{2F_P}{l}$ 代入上式,得

$$F_P^+ = \frac{ql}{2} = \frac{x+4}{x(l-x)}M_u$$

为求塑性铰 D 的位置,令 $\dfrac{\mathrm{d}F}{\mathrm{d}x} = 0$,得

$$x = (\sqrt{2}-1)l$$

代入上式得

$$F_{P1}^+ = \frac{(\sqrt{2}-1)l+4}{l(\sqrt{2}-1)[l-l(\sqrt{2}-1)]}M_u = \frac{(\sqrt{2}-1)\times 4+4}{4(\sqrt{2}-1)[4-4(\sqrt{2}-1)]}M_u \approx 1.46M_u$$

对于机构 2,如图 7.22(c)所示,列虚功方程为

$$F_{P2}^+ \times \frac{l}{2}\theta = (\theta + \theta)M_u$$

解得

$$F_{P2}^+ = \frac{2 \times 2}{l}M_u = \frac{4}{4}M_u = M_u$$

对于机构 3,如图 7.22(d)所示,列虚功方程为

$$F_{P3}^+ \times \frac{l}{2}\theta = (\theta + \theta)M_u$$

同样得

$$F_{P3}^+ = M_u$$

对于机构 4,如图 7.22(e)所示,列虚功方程为

$$F_{P4}^+ \times \frac{l}{2}\theta + q \times \frac{1}{2} \times l(l-x)\theta = \left(\theta + \frac{4\theta}{x}\right)M_u$$

即

$$\frac{F_{P4}^+ l}{2} + \frac{2F_{P4}^+}{l} \times \frac{l}{2}(l-x) = \frac{x+4}{x}M_u$$

解得

$$F_{P4}^+ = \frac{2(x+4)}{x(3l-2x)}M_u = \frac{2(x+4)}{x(3 \times 4 - 2x)}M_u = \frac{x+4}{6x-x^2}M_u$$

为求塑性铰 D 的位置,由 $\dfrac{\mathrm{d}F_P}{\mathrm{d}x}=0$,得

$$x = 2.32\mathrm{m}$$

代入上式得

$$F_{P4}^+ = \frac{2.32+4}{6 \times 2.32 - 2.32^2}M_u \approx 0.74M_u$$

比较 F_{P1}^+、F_{P2}^+、F_{P3}^+、F_{P4}^+,取最小者,即为极限荷载,得

$$F_{Pu} = 0.74M_u$$

按静定结构绘制弯矩图的方法,作出极限状态的弯矩图如图 7.22(f)所示。从图中看出,任一截面的弯矩均未超过极限弯矩 M_u,即得到验证。

*7.4　轴力和剪力对极限弯矩的影响

在通常情况下,刚架截面上除有弯矩外,还有轴力和剪力。在这种组合受力情况下,截面到达极限状态的屈服条件与纯弯曲情况下的屈服条件是有所不同的。下面分别就轴力和剪力对极限弯矩的影响进行讨论。

7.4.1　轴力对极限弯矩的影响

现以图 7.23(a)所示矩形截面杆在对称截面内承受轴力 F_N 和弯矩 M 作用的情况为例进行讨论。

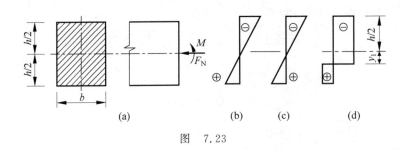

图　7.23

随着荷载的增大,杆件由弹性阶段(见图 7.23(b))发展到弹塑性阶段,如图 7.23(c)所示,最后到达极限状态,如图 7.23(d)所示。

在极限状态下,用 y_1 表示对称轴到中性轴的距离,则截面的轴力和弯矩分别为

$$F_N = 2\sigma_s b y_1$$

$$M = \sigma_s b \left(\frac{h^2}{4} - y_1^2 \right)$$

由此消去 y_1,得

$$M = \frac{\sigma_s b h^2}{4} \left[1 - \left(\frac{F_N}{\sigma_s b h} \right)^2 \right] \tag{a}$$

当截面只受轴力时,轴力的极限值为

$$F_{Nu} = bh\sigma_s$$

当截面只受弯矩时,弯矩的极限值为

$$M_u = \frac{bh^2}{4}\sigma_s$$

根据以上关系,可将式(a)写成如下形式:

$$\frac{M}{M_u} + \left(\frac{F_N}{F_{Nu}} \right)^2 - 1 = 0 \tag{7-16}$$

上式表示截面屈服时,M 与 F_N 间应满足的关系,如图 7.24 所示,这是一个二次曲线,称为**屈服轨线**。

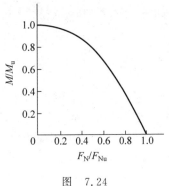

图　7.24

如果内力状态相应于屈服轨线以内的点,则截面尚未达到极限状态。如果内力相应于屈服轨线上的点,则截面可发生塑性流动。对理想弹塑性材料来说,内力状态不可能相应于屈服轨线以外的点。

由式(7-16)或图 7.24 还可以看出,如果 $\dfrac{F_N}{F_{Nu}} \leqslant 0.3$,则 $1 > \dfrac{M}{M_u} > 0.91$。因此,当 F_N 较小时,可以忽略轴力对极限弯矩的影响。反之,当 F_N 较大时,则不应忽略。

如需要考虑轴力的影响,则计算要复杂得多,可以采用渐近法,其步骤如下。

(1)首先忽略轴力的影响,利用纯弯曲时的极限弯矩求出相应的极限荷载,这是第一次近似解。

（2）其次作刚架的轴力图,利用求得的轴力对极限弯矩加以改正,根据改正后的极限弯矩再计算相应的极限荷载,这就是第二次近似解。如此反复计算,当相邻两次近似解比较接近时,便得到所求的极限荷载。

7.4.2　剪力对极限弯矩的影响

现在介绍考虑剪力时对极限弯矩影响的一种近似计算法。仍以图 7.25(a)所示矩形截面来说明。

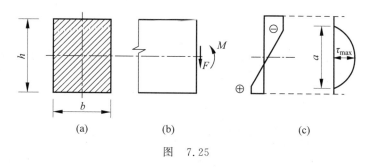

图　7.25

当截面进入弹塑性阶段后,截面外部的材料已经屈服,应力为 σ_s,如图 7.25(b)所示,截面中间部分仍处于弹性状态,切应力按抛物线分布,如图 7.25(c)所示,最大切应力为

$$\tau_{max} = \frac{3F_S}{2ba} \tag{b}$$

式中 a 为弹性核的高度。根据米赛斯理论,屈服条件为

$$\tau_{max} = \frac{\sigma_s}{\sqrt{3}} \tag{c}$$

由式(b)和式(c),得

$$F_S = \frac{2}{3\sqrt{3}} ba\sigma_s \tag{d}$$

截面弯矩可由图 7.25(c)所示的应力图求得

$$M = \frac{bh^2}{4}\sigma_s - \frac{ba^2}{12}\sigma_s \tag{e}$$

由以上两式消去 a,得

$$M = \frac{bh^2}{4}\sigma_s - \frac{9F_S^2}{16b\sigma_s} \tag{f}$$

引入符号

$$M = \frac{bh^2}{4}\sigma_s, \quad F_{Su} = \frac{\sigma_s bh}{\sqrt{3}}$$

将式(f)改写为

$$\frac{M}{M_u} + \frac{3}{4}\frac{F_S^2}{F_{Su}^2} - 1 = 0 \tag{7-17}$$

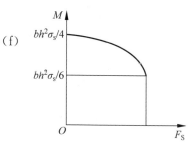

图　7.26

式(7-17)表示截面屈服时,M 与 F_S 间应满足的关系,如图 7.26 所示。

最后指出,在大多数工程实际问题中,剪力对极限弯矩的影响是很微小的,可以忽略不计。

7.5　塑性分析在结构设计中的应用示例

塑性分析已广泛用于钢结构和混凝土结构的设计、施工计算中,本节结合具体例子介绍塑性分析,以便引起人们对结构塑性分析的重视。

7.5.1　钢结构

钢结构是应用塑性分析最早的结构之一,现以由魏明钟主编、武汉理工大学出版社出版的《钢结构》中的有关内容为例进行说明。

为了确保安全适用、经济合理,同其他构件一样,梁的设计必须同时考虑第一和第二两种极限状态。第一种极限状态即承载力极限状态。在钢梁的设计中包括强度、整体稳定和局部稳定三个方面。设计时,要求在荷载设计值作用下,梁的弯曲正应力、切应力、局部压应力和折算应力均不得超过规范规定的相应强度设计值;整根梁不会侧向弯曲;组成梁的板件不会出现波状的局部弯曲。第二种极限状态即正常使用时的极限状态。在钢梁的设计中主要考虑梁的刚度。设计时要求梁有足够的抗弯刚度,即在荷载标准值作用下,梁的最大挠度不大于规范规定的容许挠度。现以梁的抗弯强度来说明。

梁受弯时的应力-应变曲线与受拉时相类似,屈服点也差不多,因此,钢材是理想弹塑性体的假定在梁的强度计算中仍然适用。当弯矩 M_x 由零逐渐加大时,截面中的应变始终符合平面假定,如图7.27(a)所示,截面上、下边缘的应变最大,设为 ε_{max},而正应力的发展过程可分为下述三个阶段。

(1) 弹性工作阶段　当作用于梁上的弯矩 M_x 较小时,截面上的最大应变 $\varepsilon_{max} \leqslant f_y/E$,梁全截面弹性工作,应力与应变成正比,此时截面上的应力为直线分布。弹性工作的极限情况是 $\varepsilon_{max} = f_y/E$,如图7.27(b)所示,相应的弯矩为梁弹性工作阶段的最大弯矩,其值为

$$M_{xe} = f_y W_{nx}$$

式中,W_{nx} 为梁净截面对 x 轴的模量。

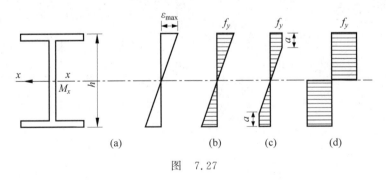

图　7.27

(2) 弹塑性工作阶段　当弯矩 M_x 继续增加时,最大应变 $\varepsilon_{max} > f_y/E$,截面上、下各有一个高为 a 的区域,其应变 $\varepsilon \geqslant f_y/E$。由于钢材为理想的弹塑性体,所以这个区域的正应

力恒等于 f_y，该区域为塑性区。然而，应变 $\varepsilon < f_y/E$ 的中间部分区域仍保持弹性，应力与应变成正比，如图 7.27(c) 所示。

（3）塑性工作阶段　当弯矩 M_x 再继续增加时，梁截面的塑性区便不断向内发展，弹性核心便不断变小。当弹性核心几乎完全消失时，如图 7.27(d) 所示，弯矩 M_x 不再增加，而变形却继续发展，形成"塑性铰"，梁的承载能力达到极限。其最大弯矩为

$$M_{xp} = f_y(S_{1nx} + S_{2nx}) = f_y W_{pnx}$$

式中，S_{1nx}、S_{2nx} 为中性轴以上、以下净截面对中性轴 x 的面积矩；$W_{pnx} = S_{1nx} + S_{2nx}$ 为净截面对 x 轴的塑性模量。

塑性铰弯矩 M_{xp} 与弹性最大弯矩 M_{xe} 之比为

$$\gamma_F = \frac{M_{xp}}{M_{xe}} = \frac{W_{pnx}}{W_{nx}}$$

γ_F 值只取决于截面的几何形状而与材料的性质无关，称为截面形状系数。一般截面的 γ_F 值如图 7.28 所示。

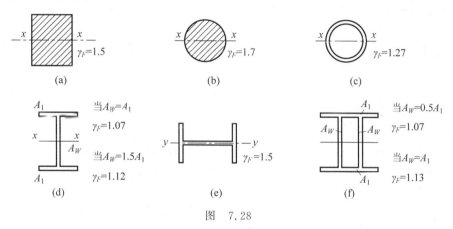

图　7.28

显然，在计算梁的抗弯强度时，考虑截面塑性发展比不考虑节省钢材。但若按截面形成塑性铰来设计，可能使梁的挠度过大，受压翼缘过早失去局部稳定。因此，编制钢结构设计规范时，只是有限制地利用塑性，取塑性发展深度 $a \leqslant 0.125h$，如图 7.27(c) 所示。

这样，梁的抗弯强度按下列公式计算。

在弯矩 M_x 作用下，

$$\frac{W_x}{\gamma_x W_{nx}} \leqslant f$$

在弯矩 M_x 和 M_y 作用下，

$$\frac{M_x}{\gamma_x W_{nx}} + \frac{M_y}{\gamma_y W_{ny}} \leqslant f$$

式中，M_x、M_y 分别为绕 x 轴和 y 轴的弯矩（对工字形截面，x 轴为强轴，y 轴为弱轴）；W_{nx}、W_{ny} 分别为对 x 轴和 y 轴的净截面模量；γ_x、γ_y 分别为截面塑性发展系数，对工字形截面，$\gamma_x = 1.05$，$\gamma_y = 1.20$；对箱形截面，$\gamma_x = \gamma_y = 1.05$；$f$ 为钢材的抗弯强度设计值。

7.5.2　混凝土结构

近几年，结构的塑性分析在混凝土结构中也得到广泛应用，现以天津大学车宏亚等主

编、中国建筑工业出版社出版的《混凝土结构》中的有关内容为例加以说明。

　　钢筋混凝土连续梁、板按弹性方法设计时,存在着两个主要问题:一个是当计算简图和荷载确定以后,各截面间弯矩、剪力等内力的分布规律始终不变;另一个是只要任何一个截面的内力达到其内力设计值,就认为整个结构达到其承载能力。事实上,钢筋混凝土连续梁、板是超静定结构,在其加载的全过程中,由于材料的非弹性性质,各截面间内力的分布规律是变化的,这种情况称为内力重分布。另外,由于是超静定结构,即使连续梁、板中某个正截面的受拉钢筋达到屈服进入第Ⅲ阶段,整个结构还不是几何可变的,仍有一定的承载能力。

　　这里要注意内力重分布与应力重分布的区别。内力重分布是针对截面间内力的关系而言的,只有超静定钢筋混凝土结构才具有内力重分布现象。

　　由于内力重分布,超静定钢筋混凝土结构的实际承载能力往往比按弹性方法分析的高,故按考虑内力重分布方法设计,可进一步发挥结构的承载力储备,节约材料,方便施工;同时研究和掌握内力重分布的规律,能更好地确定结构在正常使用阶段的变形和裂缝开展值,以便更合理地评估结构使用阶段的性能。

1. 钢筋混凝土受弯构件的塑性铰

　　(1) 钢筋混凝土塑性铰。

　　钢筋混凝土受弯构件正截面的应力状态,从开始加载到截面破坏,经历了三个受力阶段,即第Ⅰ阶段——从开始加载到受拉混凝土即将开裂;第Ⅱ阶段——从混凝土开裂到受拉钢筋即将屈服;第Ⅲ阶段——从钢筋混凝土开始屈服到破坏。

　　图7.29给出试验得到的截面M-ϕ曲线。研究受弯构件在第Ⅲ阶段的情况,由于受拉钢筋已屈服,塑性应变增大而应力维持不变,但截面受压区高度减小,应力图形趋于丰满,截面上弯矩会有少量增加,最后因受压边缘纤维的压应变达到极限值,混凝土压碎而截面破坏。设受拉钢筋屈服时的截面弯矩为M_y,截面曲率为ϕ_y;破坏时截面弯矩为M_u,截面曲率为ϕ_u。可见,这一阶段的主要特点是:截面弯矩的增值(M_u-M_y)不大,但截面的曲率增值$(\phi_u-\phi_y)$却很大,在M-ϕ图上基本上是一水平线。这样,在弯矩基本维持不变的情况下,截面曲率激增,形成截面受弯"屈服"现象。

　　试验表明,上述截面"屈服"并不仅限于受拉钢筋首先屈服的那个截面,实际上钢筋会在一定长度上屈服,受压区混凝土的塑性变形也在一定区域内发展,而且混凝土和钢筋间的黏结处也可能发生局部破坏。这些非弹性变形的集中发展,使结构的挠度和转角迅速增大。将这一非弹性变形集中产生的区域理想化为集中于一个截面上的塑性铰,如图7.30所示,该区段的长度称为塑性铰长度l_p。塑性铰形成于截面应力状态的第Ⅲ阶段,转动终止于第Ⅲ阶段,所产生的转角称为塑性铰的转角θ_p。

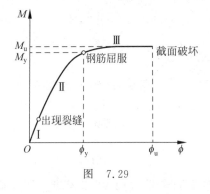

图　7.29

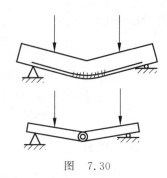

图　7.30

　　将塑性铰与建筑力学中的理想铰进行比较可知，两者有以下三个主要区别：①理想铰不能承受任何弯矩，塑性铰则能承受定值的弯矩 M_u；②理想铰在两个方面都可产生无限的转动，而塑性铰却是单向铰，只能沿弯矩 M_u 作用方向作有限的转动；③理想铰集中于一点，塑性铰则是有一定长度的。

　　塑性铰有钢筋铰和混凝土铰两种。对于配置具有明显屈服点钢筋的适筋梁，塑性铰形成的原因是受拉钢筋先屈服，故称为钢筋铰。当截面配筋率超过最大配筋率，此时钢筋未屈服，转动主要由受压区混凝土的非弹性变形引起，故称为混凝土铰，其转动量很小，截面破坏突然。混凝土铰出现在受弯构件的超筋截面或小偏心受压构件中的情况较多，钢筋铰则出现在受弯构件的适筋截面或大偏心受压构件中。钢筋铰的转动能力较大，延性好，是连续梁、板结构中允许出现的。

　　（2）塑性铰的转角和等效塑性铰长度。

　　图 7.31 给出了连续梁的一部分，A 点是梁弯矩图形的反弯点，B 点为中柱边缘，当截面 B 的弯矩达到极限值 M_u 时，研究截面 B 附近塑性铰的情况。图 7.31(c)中的实线是 B 截面弯矩达到 M_u 时（相应曲率为 ϕ_u），沿梁长各截面曲率的实际分布曲线，可以看出，曲线是波动的。在梁的开裂截面，曲线出现峰值，在两裂缝间由于截面的刚度增大，曲率下跌。设截面 B 受拉钢筋开始屈服时的截面曲率为 ϕ_y，并假定此时沿梁长曲率的分布是直线分布，即在图 7.31(c)中自 A 点作出的虚直线。由于曲率是指单位长度上的转角，故在截面 B 受拉钢筋开始屈服时，杆件 AB 对截面 B 的转角 θ_y 就等于图 7.31(c)中轴线与虚线所围三角形的面积；而截面 B 达到 ϕ_u 时的转角 θ_u 则等于图 7.31(c)中实曲线所围的面积，截面 B 从 Ⅱa 阶段直到 Ⅲa 阶段过程中，产生的塑性铰转角

$$\theta_p = \theta_u - \theta_y = \int_A^B \phi_u(x)\mathrm{d}x - \int_A^B \phi_y(x)\mathrm{d}x \tag{7-18}$$

即塑性铰转角 θ_p 等于实曲线所围面积与虚直线所围三角形面积之差，为了方便，可近似取

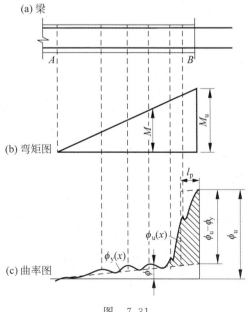

图　7.31

图中有阴影线的那部分面积。但是要想求出这部分面积仍然是困难的,因此用等效平行四边形来代替。等效平行四边形的纵标为 $\phi_u - \phi_y$,等效长度 l_p,要求此面积与曲率图上的阴影线部分面积相等。因此,上述连续梁一侧的塑性铰转角可表达成

$$\theta_p = (\phi_u - \phi_y) l_p$$

2. 钢筋混凝土超静定结构的内力重分布

为了阐明内力重分布的概念,试研究如图 7.32(a)所示一两跨连续梁从开始加载直到破坏的全过程,大致可分为三个阶段。

(1) 当集中力 F_1 很小时,混凝土尚未开裂,梁各部分截面抗弯刚度的比值改变,内力不再服从弹性理论规律,弯矩分布如图 7.32(b)所示。

(2) 荷载增大,中间支座(截面 B)受拉区混凝土先开裂,截面抗弯刚度降低,但跨内截面 1 尚未开裂,支座与跨内截面抗弯刚度的比值 B_B/B_1 降低,致使支座截面弯矩 M_B 的增长率低于跨内弯矩 M_1 的增长率,如图 7.32(c)、(d)、(e)所示。继续加载,当截面 1 也出现裂缝时,M_B/M_1 不断变化,内力在支座和跨中之间不断重新分配,M_B 的增长率加快。图 7.33 所示为支座和跨内截面在混凝土开裂前后弯矩 M_1 和 M_B 的变化情况。

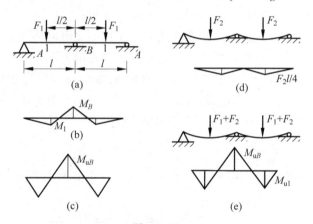

图　7.32

(3) 当荷载增加到支座截面 B 的受拉钢筋屈服时,支座塑性铰形成,塑性铰能承担的弯矩为 M_{uB},相应的荷载值为 F_1。再继续增加荷载,梁从一次超静定连续梁转变成了两根简支梁。由于跨内截面承载力尚未耗尽,因此还可继续增加荷载,直至跨内截面 1 也出现塑性铰,梁成为几何可变体系而破坏。设后加的那部分荷载为 F_2,则梁承受的总荷载为 $F = F_1 + F_2$。

在 F_2 作用下,应按简支梁来计算跨内弯矩,其支座弯矩不增加,维持在 M_{uB},故图 7.33 中 M_B 出现了竖直段。若按弹性方法计算,M_B 和 M_1 的大小都与外荷载呈线性关系,在 M-F 图上应为两条虚直线,但梁的实际工作却如图 7.33 中实线所示,即出现了内力重分布。

由上可知,钢筋混凝土超静定结构的内力重分布可概括为两个过程:第一过程发生在受拉混凝土裂缝出现,到第一个塑性铰形成以前,主要是由于结构各部分抗弯刚度比值的改变而引起的内力重分布;第二过程发生于第一个塑性铰形成以后直到结构破坏,由于结构计算简图的改变而引起的内力重分布。显然,第二过程的内力重分布比第一过程的大得多。

上面阐述了钢筋混凝土超静定结构内力重分布产生的原因、发展过程及其特点,由此可以得到以下三点认识。

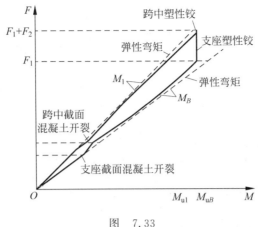

图　7.33

（1）对钢筋混凝土静定结构而言，塑性铰出现即导致结构破坏。但对于超静定结构而言，某一截面出现塑性铰并不一定表明该结构的承载能力丧失，只有当结构上出现足够数目的塑性铰，以致使结构成为几何可变体系时，整个结构才丧失承载能力。

（2）按照弹性方法计算，上述连续梁所能承受的极限荷载为 F_1，但考虑内力重分布后，结构的极限荷载增大为 $F=F_1+F_2$。这表明钢筋混凝土超静定结构从出现第一个塑性铰到破坏机构形成，其间还有相当的承载潜力可以利用，在设计中利用这部分承载力储备，可以取得一定的经济效益。

（3）按照弹性方法计算，连续梁的中间支座截面弯矩通常较大，造成配筋拥挤，施工不便。考虑内力重分布方法设计，可降低支座截面弯矩的设计值，改善施工条件。

复习思考题

1. 何谓理想弹塑性材料？其主要性质有哪些？

2. 何谓屈服弯矩、极限弯矩？何谓极限荷载？

3. 何谓塑性铰？它与普通铰有什么异同？

4. 什么叫内力重分布现象？它发生在什么结构中？

5. 连续梁的破坏机构有什么特点？它的极限荷载如何求解？

6. 何谓内力局部条件？何谓单机构条件？

7. 单值定理、极小定理及极大定理的含义是什么？

8. 什么是极限荷载的静力法与机动法？

9. 求刚架极限荷载有哪几种方法？各种方法的步骤是什么？

10. 求已知超静梁、刚架极限弯矩 M_u 的方法与步骤是什么？

11. 试说明塑性分析在结构设计、施工中的应用。

练习题

1. 试求图 7.34 所示静定梁的极限荷载 F_{Pu}。设 $\sigma_s=24kN/cm^2$，截面 $b\times h=0.05m\times$

0.20m，$l=4$m。

2. 试求图 7.35 所示静定刚架的极限荷载 F_{Pu}。设 $\sigma_s=24$kN/cm^2，截面 $b \times h=0.05$m$\times$0.20m，$l=4$m。

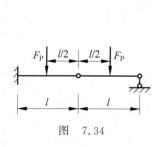

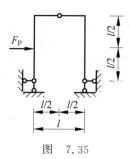

图　7.34　　　　　　　　图　7.35

3. 试求图 7.36 所示单跨超静定梁的极限荷载 q_u。

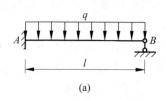

(a)

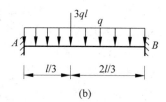

(b)

图　7.36

4. 求图 7.37 所示连续梁的极限荷载。

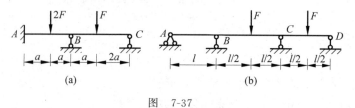

(a)　　　　　　　　　　　　(b)

图　7-37

5. 试求图 7.38 所示刚架的极限荷载。设 $\sigma_s=25$kN/cm^2，各杆截面为 No.20a 工字钢，$A=35.5$cm^2，$W=237$cm^3，$\alpha=1.150$，$l=6$m。

6. 试求图 7.39 所示刚架的极限弯矩。设各杆 $M_u=$ 常数，图中画出的荷载为破坏荷载。

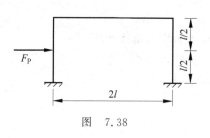

图　7.38

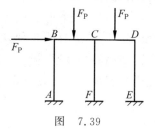

图　7.39

练习题参考答案

1. $F_{Pu} = 30\text{kN}$。

2. $F_{Pu} = 80\text{kN}$。

3. (a) $q_u = 11.7 \dfrac{M_u}{l^2}$；　(b) $q_u = \dfrac{18}{7} \cdot \dfrac{M_u}{l^2}$。

4. (a) $F_u = \dfrac{3.5M_u}{l}$；　(b) $F_u = \dfrac{6M_u}{l}$。

5. $F_u = \dfrac{6M_u}{l} = \dfrac{6}{l} \cdot \sigma_u W_u = \dfrac{6}{l} \sigma_s \alpha W = 68.13\text{kN}$。

6. $F_u = \dfrac{0.186M_u}{l}$。

主要符号表

符　号	含　义	符　号	含　义
A	面积	M	力偶矩
a	间距	M_s	屈服弯矩
b	宽度	M_{AB}^F	固端弯矩
d	内直径、距离、力偶臂	n	转速
D	外直径	$[n]_{st}$	许用稳定安全因素
e	偏心距	p	内压力、总应力
E	弹性模量	P	功率
F	力、合力	q	均布载荷集度
F_{Ax}、F_{Ay}	铰 A 处约束力、支反力	R、r	半径
F_N	法向约束力、轴力	u	水平位移、轴向位移
F_P	荷载	W	功、重力、弯曲截面系数
F_{Pcr}	临界荷载	W_p	扭转截面系数
F_S	剪力	α	倾角、线膨胀系数
F_R	主矢、合力	β	角
F_S	牵引力、拉力	θ	梁横截面的转角、单位长度相对扭转角
F_T	绳索拉力	φ	相对扭转角
F_W	自重力	γ	切应变
F_x、F_y、F_z	力 F 在 x、y、z 轴上的分量	Δ	变形、位移
F_x、F_y	力 F 在 x、y 轴上的投影	δ	厚度
G	切变模量	ε	线应变
H	高度	ε_e	弹性应变
I_z	惯性矩	ε_p	塑性应变
I_p	极惯性矩	λ	柔度、长细比
I_{xy}	惯性积	μ	长度系数
k	弹簧刚度系数	ν	泊松比
l	长度、跨度	ρ	密度、曲率半径
M、M_y、M_z	弯矩	σ	正应力
M_e	外加扭转力偶矩	σ_t	拉应力
M_x	扭矩	σ_c	压应力
m	质量	σ_b	抗拉强度
M_O	力系对点 O 的主矩	σ_c	挤压应力
$M_O(\boldsymbol{F})$	力 F 对点 O 之矩	$[\sigma]$	许用应力
$[\sigma_t]$	许用拉应力	$\sigma_{0.2}$	条件屈服应力
$[\sigma_c]$	许用压应力	σ_s	屈服极限
σ_{cr}	临界应力	τ	切应力
σ_e	弹性极限	$[\tau]$	许用切应力
σ_p	比例极限	y	挠度

参 考 文 献

[1]　王长连.建筑力学(上、下)[M].北京:清华大学出版社,2007.

[2]　王长连.建筑力学学习与考核指导[M].北京:高等教育出版社,2012.

[3]　王长连.土木工程力学[M].北京:机械工业出版社,2009.

[4]　王长连.结构力学简明教程[M].北京:机械工业出版社,2012.

[5]　董云峰,段义峰.理论力学[M].北京:清华大学出版社,2006.

[6]　沈养中.建筑力学[M].北京:清华大学出版社,2018.

[7]　沈养中,陈年和.建筑力学[M].北京:高等教育出版社,2012.

[8]　文明才,夏平.材料力学[M].北京:清华大学出版社,2019.

[9]　范钦珊.工程力学[M].北京:清华大学出版社,2006.

[10]　王焕定,祁皑.结构力学[M].北京:清华大学出版社,2013.

[11]　[苏联]雅科夫·伊西达洛维奇·别莱利曼.趣味力学[M].周英芳,译.哈尔滨:哈尔滨出版
社,2012.

[12]　李锋.材料力学案例[M].北京:科学出版社,2011.

[13]　刘鸿文.材料力学Ⅰ[M].北京:高等教育出版社,2017.

[14]　李廉锟.结构力学[M].北京:高等教育出版社,2017.

[15]　薛正庭.土木工程力学[M].北京:机械工业出版社,2004.

[16]　邹建奇.建筑力学[M].北京:清华大学出版社,2019.

[17]　张曦.建筑力学[M].北京:中国建筑工业出版社,2020.

[18]　赵朝前,吴明军.建筑力学[M].重庆:重庆大学出版社,2020.

二维码索引